JN195108

The Idea of Environmental Pragmatism
環境プラグマティズム思想

プラグマティズム思想は、全人類の未来への希望へと繋がるのか

中元　啓夫

Akio Nakamoto

はしがき

2025年令和7年の新年を迎えた。昨年11月の米国大統領選挙は、共和党のドナルド・トランプ氏が民主党のカマロ・ハリス氏に大勝して、1月20日に、米国第47代大統領に就任した。トランプ支持者からは、初代大統領・ジョージ・ワシントンの再来ともいわれているのだが、「米国第一主義」を掲げるトランプ氏の再来は、米国に、日本に、世界に、どのような影響をもたらすのか。国際社会はどこに向かっていくのか。トランプ大統領は、就任後直ちに数々の大統領令に署名した。

その中で注目されたのは、2015年にCOP21で採択された「パリ協定」からの離脱であった。これは、国連やWHOからの脱退も視野に入れている。トランプ政権は、2025年1月27日に国連に正式に離脱を伝えた。また、エネルギー政策では、自然エネルギーから化石燃料エネルギーへの転換とも窺える「化石燃料を掘って、掘って、掘り尽くせ」というフレーズも登場した。これらのことは、反トランプ支持者やエネルギー政策や環境政策の担当者にとっては、政治の方向転換への懸念は拭えないだろう。まさに、バックミンスター・フラーが提唱した「宇宙船地球号」の概念を取り入れた、地球環境社会の捉え方さえも転換されるかもしれない。

しかし、トランプ氏の過激な発言の裏には、本来の思惑と独特の考え方があり、単純に額面通りには受け取れない。彼は、就任後速やかに東部ノースカロライナ州から西部カリフォルニア州を1日で訪問している。その目的は、大惨事となったハリケーン台風と大規模な山火事の被害者へのお見舞いと復旧復興支援の下見である。迅速な彼の行動力と、戦争回避の姿勢は、ロシアとウクライナの戦争やイスラエル・パレスチナ戦争等の終息への期待がかかる。米国を取り巻く、ウクライナとロシア、そして、その背後にある EU 諸国との関係は複雑である。その先には、戦争推進派による世界戦争に発展する可能性を秘めている。そして深刻なのは、核大国の米国とロシア、保有国の英国とフランス、そして背後には大国の中国が絡んでいることである。この核保有 5 カ国の軍事バランスは重要である。

2 月 28 日には、ゼレンスキーをホワイトハウスに招いて、トランプとの停戦合意が行われる予定が、突如としてゼレンスキーが合意を拒否してしまった。彼の立場としては、後で和解することを前提とした抵抗という不思議な展開である。米国は、ウクライナに対して膨大な支援をしている。それに対しての感謝がない、と指摘を受けたゼレンスキーは、直ちに英国のスターマ首相に助けを求めたが、たとえ EU の応援を取り付けたとしても、米国が撤退してしまったら戦争終結合意には至らないだろう。それどころか、軍事支援を停止したら、ウクライナは一挙に陥落しかねない。ゼレンスキーの行動には、一部の富裕層である「オルガルヒ」が影響していることと、任期切れの大統領職を続けたいということについては、彼個人の本当の考えはわからない。この世界には、平和を願う人ばかりではなく、一部の戦争推進派が居ることも忘れてはならない。まさに、ここが正念場だろう。

一方ロシアは、米国と EU の出方を傍観するのではなく、積極的にウクライナとの和平に向けての行動を願うのだが、ロシア大帝国時代の歴史や、ヨーロッパとロシアの過去における戦争の歴史を鑑みると、「歴史は繰り返される」ことが窺われる。もともとウクライナは、ロシア帝国の一部とのプーチンの歴史観があるのかもしれないが、ウクライナは独立国であり、ウクライナ国民の生命と財産を守り、数々の思惑を捨てて、ロシアと米国、そしてEU諸国は、叡智を絞って戦争を終結に導き、世界平和へ向けての貢献を期待する。特に、キーパーソンのトランプの若き日の著書である『THE ART OF DEAL』「交渉術」に書かれているように、彼の行動力と交渉力に期待する。

本書は、国際政治分野の本ではないが、地球環境破壊の最大要因は戦争であるところから、どうしてもヨーロッパとロシアの戦争から、世界大戦を回避しなければならないとの思いから、「はしがき」に書いたのである。世界秩序の転換を視野に入れた、今後の動向に注目したい。

このように、地球環境問題の喫緊となる主な課題は、戦争回避と自然災害への防災・減災とそれに伴う復旧・復興である。そして、化石燃料エネルギーの過剰な消費による二酸化炭素の排出を一因とする気候変動による地球温暖化である。それは、限りある資源の奪い合いによる戦争に発展する可能性がある。

その点において日本は、あらゆる面で「日本第一主義」のスタンスをとることができない。日本は、米国の同盟国として、日米安全保障条約体制のもとで、国防の体制が保たれているようだが、グローバル化の波にのまれて、環境政策においても、2050年炭素ゼロ達成へ向けての活動と膨大な拠出金を課せられている。米国の政権と政策転換は、あらゆる国策に多大な影響を受けるであろう。

また日本は、地震と共に自然災害を免れない国土と、豊富な海洋資源があるとはいえ、石油等の資源を輸入に頼っているという現状には課題が多い。太平洋戦争は、米国から石油を止められたことで、国家存亡の危機に追い込まれたことが開戦の一因となり、その結末として敗戦となったのである。このことを、今後の教訓として忘れてはならない。

すなわち、我が国には、地球環境問題の元凶が存在するということである。しかし、日本の江戸以前には、「災異改元」(さいいかいげん)というのがあり、災害がある度ごとに元号を変えて、新しい気持ちで国民が一体になって頑張ることで、逆境を乗り越えていこうというのが、日本人の精神的伝統であり、我が国にも希望は残されていることを忘れてはならない。

2月7日には、ようやく日米首脳会談は実現したのだが、成功か失敗かは賛否両論があり、本書が出版される頃には、両政権・両首脳関係の行方さえ未知数である。2025年は、世界人類の命運を左右する、地球環境問題を含む重大な局面を迎えているのである。

前置きはここまでにして、本書の内容について紹介する。米国では、1960年代に入ると、先進国にみられた環境破壊から、環境問題が注目されるようになった。1968年には、リン・ホワイト・Jr著『機械と神』の出版を機にして、「環境倫理学」という学問領域ができた。そして我が国では、1970年代に入り、著者は「四大公害」の一つであるチッソ水俣病を通して、公害問題への懸念から環境問題の広がりを意識するようになった。戦後20年となる1964年には、復興のシンボルである前の東京オリンピックが開催された。国内では、その頃から公害を出す設備が増加していき、「道路三法」のもとで、自然を破壊する幹線道路整備建設や高速道路が日本中を横断縦断していったのである。

このことは、当時の宰相がとなえた「日本列島改造論」が支持された世相であった、ということである。この宰相は、日本の政界に大きな影響を与えた強権政治家であり、政権離脱後もキングメーカーとして君臨した。現在の首相は、半世紀の時を越えて、「令和の日本列島改造論」をとなえるという始末であり、その風潮は今も続いている。

この政策の根本には、物質的に儲ければ、公害など何のそのといった唯物的で貪欲なる実行力が支配した政治のあり方であった。しかし、半世紀前の日本は、米国に次いで世界第二位の経済大国となっていたのである。本来の日本は、「人間を愛し、自然を愛し」との理想に生きるという、日本の国柄であったのだが、悠久の縄文の時代から培った日本人の心性が覆されて「エコノミックアニマル」などと揶揄されたのである。

また米国では、ソローやエマーソンを代表とする自然思想(超越思想)を理想とする国柄であるのが、自然破壊の危険性を孕む原子力技術を軍事導入したという矛盾する点がある。

当時の日本は、30年前に広島、長崎に原爆を投下した米国の支援による原子力発電所建設に突き進むことになる。日本政府は、米国と手を携えて、世界唯一の被爆国に「核の平和利用」との安全神話をかざして、国内に50カ所以上の米国製原子力発電所建設を広めていくのであった。その安全神話は、1986年に当時ソ連(現ウクライナ)のチェルノブイリ原発事故と2011年に発生した「東北大震災における福島原発事故」によつて、脆くも崩れていったのである。この事業は、現在も問題を抱えたまま停滞して、「環境を守るか、経済を守るか」といった議論の中で、核廃棄物処理問題と共に暗礁に乗り上げている。

米国で誕生した「環境倫理学」という学問は、日本に20年ほど遅れて、1991年に加藤尚武が導入書として『環境倫理学のすすめ』を著したことから、「環境倫理学」が、日本国内で広まりをみせた。その翌年の 1992 年には、米国で「環境倫理学」から発展した形として「環境プラグマティズム」が登場している。

著者は、21 世紀を迎えた頃、気温 40 度を越える猛暑や変則型の大型台風と大水害等が発生していることに注目していた。その“異常気象”の原因の一つが気候変動による地球温暖化にある、ということを知った。二酸化炭素を削減しないと地球環境が破壊されてしまうという、当時のマスコミ報道による危機感に苛まれていた。そして、環境意識の高まりから、「環境 ISO14001」認証へ向けての活動の中で、「環境哲学・環境倫理学」の本格的な研究に取り組んだ。この問題は 25 年の時を経て、現在では様相が変化している。

その後には、「環境倫理学」の発展した形として「環境プラグマティズム」を捉えて、この思想に将来の展望があるか、という問題意識の中で、Katz, E. & Light, A.（1996）, *Environmental Pragmatism*, Routledge （原著） を手引書として論文作成を進めていたのだが、出版から 20 数年経過しているにもかかわらず、邦訳書が存在しないのであった。そこで、2019 年には、邦訳書『哲学は環境問題に使えるか－環境プラグマティズムの挑戦－』が、「環境問題に関心を持つ様々な立場の人たちにも広く読んでいただきたい」というコンセプトのもと、待望の出版となった。

現在では、出版から 6 年の歳月が流れたのだが、地球環境問題は改善の兆しが見えない。その中で、気候変動、地球温暖化に歯止めがかからず、「炭素ゼロ」実現等は困難な状況にある。本書の最終章で取り上げるが、地球環境問題も難題山積みで、もはや旧態依然の捉え方とアプローチでは、克服は困難と考える。

岡本裕一朗は、「環境哲学をアップデートするために」の中で、環境プラグマティズムを「環境哲学 2.0」と位置づけているが、現在では、ますます社会的状況は変化して、環境問題の主要テーマの転換の必要性から、「環境哲学 3.0」の時代へと突入している。岡本が言うように、「環境科学や環境経済学をはじめとして、他の学問分野との領域横断的な研究も必要となるだろう」（カッツ＆ライト 2019, pp.429-431）　、ということが現実となっている。

本書の内容としては、目次でも示した通り、第 1 章～2 章で、プラグマティズム思想の歴史とその変遷と、環境倫理学から環境プラグマティズムに至る思想の展開。第 3 章～4 章では、プラグマティズム思想と自然について、米国と日本における自然と人間の関係から、自然への畏敬と尊厳、そして自然の価値について考察して、環境プラグマティズムにおける自然の「内在的価値」の考え方。第 5 章～6 章にかけては、環境プラグマティズムの重要な二つの概念の一つとして、自然の「内在的価値」についてまとめる。そして、第 7 章～9 章では、もう一つの重要な概念として、「価値多元論」と「相対主義」についてまとめる。その関連として、第 10 章～11 章にかけては「公共哲学と合意形成」についての概念とその展開について取り上げることにより、第 12 章で「価値多元論」が環境プラグマティズムの重要な概念となることについての結論を出す。そして最後に、第 13 章で環境プラグマティズムの展望を示して、最終章では、近未来への環境プラグマティズムの役割を提言している。全体として 15 章立ての構成となっている。(本書の読み方(トリセツ)については、巻末を参照)

そこで著者は、現在の世界情勢、すなわち米国のトランプ政権の行方を見守り、押し寄せるグローバル化の波に対して、反グローバル勢力は、拮抗状態を保つことでバランスをとれるのか、日本の政治はどちらの勢力に舵を取るのか、特に環境政策の行方について注視して行きたい。そして、将来を見据えて「環境哲学2.0」となる環境プラグマティズム思想を、「環境哲学3.0」の時代へと繋ぐことを目的として、プラグマティズム思想（実用主義）が如何にこれからの時代に必要とする重要な思想となり得るか、地球環境問題克服への道程は遠いとしても、「プラグマティズム思想」が持続可能な社会構築への鍵概念となることを念頭に置いている。

本書は、著者の博士論文をベースにして新たに書き下ろした部分を追加して、再編集して一般にも読みやすいように修正したものである。その対象としては、環境哲学・環境倫理学・プラグマティズム思想への専攻を希望する学生諸賢、そして一般向けには、世界平和と地球環境問題の関係に関心のある方々へ向けて出版するに至った。

2025年（令和7年） 3月

著者記す。

凡例

・Katz, E. & Light, A. （1996）, *Environmental Pragmatism*, Routledge に関しては、EP と略記し、ページ数を付す場合には（EP, p.1） のように記す。EP からの引用については、自分で訳したものをベースにして、部分的に邦訳を参照している。

・欧文文献に関しては、邦訳がある場合には基本的にはそれを用い、本文中では、例えば（クワイン 1992, p.31)のように記してある。また文脈に応じて、原著の初出年(たとえば[1953])を追加して（クワイン（[1953] 1992), p.31)のように付記している場合もある。邦訳を用いた場合、引用・参照文献表は和文のリストに入れてある。

・「注」は脚注とした。但し、章ごとではなく、全体を通して連番とした。

・引用参照指示については、出典は明確にしながら、必ずしも論文に求められる厳密さを優先することのないようにして、一般向けに読みやすさを優先している。そして本書は、博士論文をベースにしているが、改稿している箇所がある。

用語の使用基準

・本書では、全般にわたっての翻訳としては、哲学(Philosophy)、倫理学(Ethics)は明確に区別されている。学問領域としては「倫理学」は「哲学」の一つの部門であることも明確である。

・また EP の中で、“Environmental Ethics” を「環境倫理学」、“environmental ethic” を「環境倫理」として訳して引用したが、同じ意味として使われることがあり、書き手が特段の区別をしていない場合もある。

目　次

はじめに

本書では、自然の「内在的価値」と「価値多元論」が、環境プラグマティズムの重要な概念として、地球環境問題克服へ向けた将来の展望となり、人類の希望を繋げることができるか、という視点で述べていきたい。

米国で誕生した「環境倫理学」は、半世紀にわたる議論展開がなされた。その中では、環境倫理学における「道徳的一元論」は、基礎付け主義、自然の「内在的価値」の尊重、人間中心主義の否定と非ー人間中心主義の擁護といった主張の中で、二項対立図式から抜け出していない状況にあった。そこで、1985年にウエストンが旧来の環境倫理学を批判して、「内在的価値を超えて—環境倫理学におけるプラグマティズムー」を発表した。それを起点として環境倫理学は、環境プラグマティズムへと展開した。

そして、1996年には、ライトとカッツによって『環境プラグマティズム（*Environmental Pragmatism*）』が編纂された。（以降EPと略記）　この論集の寄稿者達は、環境倫理学の30年を振り返り、不毛な二項対立議論となる哲学の理論的実践からは、環境政策等への行動実践を成し得ないという認識を共有していたといえる。

環境プラグマティズムは、実践を目指すための概念であるが、それはどこかの段階で、実践に繋がるような思想になってきたのだろうか。プラグマティズム自体については、実践という部分が必要であり、それは最終的に実現されているかどうかが問題となる。環境プラグマティストのウエストンとカッツの初期段階の議論では、どちらかというと理論的な話になっていて、それが整理され、展開されていく途中で、実践の方向に進んでいくということになる。彼らの議論においては、まずは理論的な意味において、環境プラグマティズムというものをどう捉えるか、あるいはそれがどのような考え方をするかが示され、それを分析して展開したのがライトであった。

従来の環境倫理学を批判して展開した環境プラグマティズムでは、主な議論としては、自然の「内在的価値」の有無から、価値一元論か多元論かという論点と、多元論は相対主義に陥るか陥らないか、という議論の方法についての論点である。環境プラグマティズムによって、一元論の立場をとる議論では互いにすれ違って、いつまで経っても合意に至らないという点とその原因が明らかになった。しかし他方で、そのような議論に対するプラグマティックな考え方が相対主義に反論できるか、あるいはそれがどのように具体的に環境問題克服の文脈の中で活かせるのかということについては、まだ十分に示されていない。それを考えるためには、環境プラグマティズムを「公共哲学」の領域へと拓いていかなくてはならず、環境問題克服に向けた「公共哲学」の有効性を示さなくてはならない。

そして環境プラグマティズムは、プラグマティックな解決を標榜しそれを目指したが、もともとウエストンやカッツは、理論的な探究から始めたという経緯がある。

したがって、彼らの議論は理論的な探究に終始して、実践的な探究という観点は弱いと考えられる。しかし、環境プラグマティズムは最終的には実践を目指すという概念である。それゆえ、初期の段階では実践に繋げるための理論的探究が行われ、それが環境プラグマティズムとして展開されたが、それだけでは不十分であり、そこから実践への展開がなされる途中の段階にあるのがライトだといえる。とはいえそのライトにしても、「公共哲学」への展開について萌芽的に言及しているものの、それほど展開されてはいないままになっている。彼は、環境プラグマティズムから公共哲学への道筋をつけたのだが、まだ公共哲学のプラグマティズム的転換、あるいは、プラグマティズムと公共哲学の融合は十分になされていない。環境をめぐるプラグマティズムと公共哲学がどのように関係しているかを考えることによって、それらをより実践に結びつけるという課題が残されている。

EPの中では、環境倫理における重要な概念として、自然の「内在的価値」と、「価値多元論」の二つが挙げられ、この二つの概念を中心に議論が展開されている。まず、自然の「内在的価値」については、あるなし論では解決できず、認めるか認めないかという戦略をとり、その上で筆者は、認めることもあるという方向で議論を進める。「価値多元論」に関しては、プラグマティストが相対主義に陥るという批判に対して、筆者は「公共哲学」と「合意形成」を使えば、そのようにはならないという議論を進める。そのためには、環境プラグマティスト達の議論の展開を探り、検討することが必要である。

そこで本書では、プラグマティズム思想が「環境倫理学」において、理論的に有効な思想であるのか、また環境プラグマティズムは、環境問題等の実践的な問題に対して実用的な概念であるか、そして、それには妥当性があるかについては、一定の結論を導き出した。そのために、これまでの環境倫理学から環境プラグマティズムに至る歴史とその諸理論について概観した。その中でも、主にEPにおけるウエストンとカッツ、そしてライトの理論的な議論と、他の環境倫理学者とプラグマティスト達の議論を基にした考察によって、環境プラグマティズムへの展望を見出した上で、今後起こりうる可能性がある環境問題を見据え、近未来の環境プラグマティズムについて提言したい。

第１章 プラグマティズム思想の歴史とその背景

第１章では、プラグマティズム思想の系譜から、「分析哲学」の成立から「ネオ・プラグマティズム」成立への流れの中で、その源泉となるローティの思想を中心にして取り上げている。

1. プラグマティズム思想の系譜

米国の伝統思想であるプラグマティズム（pragmatism）は、19世紀後半に、科学者のパース・C・S（Peirce, Charles Sanders 1839－1914）が提唱した。この考え方は、後にプラグマティシズム（pragmaticism)を名乗ることになる。プラグマティズムという思想は、古典的プラグマティストのジェームズ・W (James, William 1842－1910)やデューイ・J (Dewey, John 1859－1952)によって体系化された。それは「実用主義」と訳され、その由来は、「行為」を意味するギリシア語の“pragma”(πραγμα）に由来する。プラグマティック（pragmatic)がプラクティカル（practical）とほぼ同義で、「実用的」、「実際的」という意味で使われたことと関係している。

プラグマティズム思想は、米国の精神的な風土を背景に生まれた哲学思潮である。移民国家であるが故に、国民一人一人が「連帯」する際に大きな力となったのが、米国社会に深く根付く「生き方としての民主主義」であった。この米国の民主主義について大賀祐樹は、プラグマティズムの一つの原点となるコミュニティ作りは、お互いに異なる考えを持ちながらも対等な存在として協力し合い、よりよき結果を求めて話し合いをしながら、その都度ごとに問題に対処していくという点にあり、これが民主主義とプラグマティズムの関係である(大賀 2015, p.12)と述べている。

プラグマティズム思想は、1898年にカリフォルニア大学で開催された「哲学的概念と実際的結果」(Philosophical Conceptions and Practical Results)[1] と題したジェームズの講演でパースの業績が高く評価されたことをきっかけに広がり始めた。そして、この思想は「古典的プラグマティズム」と呼ばれ、1910－20年代に発展するものの、1930年代の世界大恐慌による経済不況、ナチズム的な全体主義の台頭によるユダヤ人学者達の米国亡命により、「論理実証主義」(logical positivism)が興隆したことで陰りをみせはじめ、米国では「分析哲学」(analytic philosophy)の時代を迎えたとされる。

その後、20世紀中頃～後半にかけて、古典的プラグマティズムへの回帰が叫ばれ、分析哲学は「プラグマティズム」的な要素である「全体論」(holism)と「反基礎づけ主義」(anti-foundationalism)を取り込んだ。また、プラグマティズムはポスト分析哲学として再評

---

1 ジェームズは一般聴衆に向けた講演で「プラグマティズム」と創始者としてのパースの紹介を以下の内容にて紹介している。「パースは今日の思想家で最も独創性に富んだ者の一人です。プラクティカリズム、あるいは、プラグマティズムと自分の原理をこう呼んでいる。パースは、思考の真髄と意味は信念の創造に向けられ、それ以外には向けられない。思考は様々に区別をもたらすが、その区別の何たるかを見出すにあたって、実践がもたらしうる区別を措いて、他にふさわしい区別など何もない。それゆえ、ある対象について思考する際に、その完全な明晰性を得ようとするなら、当の対象の使用によって生ずる、考えられるかぎりの実際的な類いの、如何なる効果をもたらすか、これを考察するだけでよいのです。こうした概念こそ、我々にとって、当の対象についての概念の全体を成すわけです。以上が、パースの原理、すなわちプラグマティズムの原理です」(ジェームズ([1898] 2014), pp.28-30)。

価をされて、ローティ・R (Rorty, Richard 1931－2007) 達によって「ネオ・プラグマティズム」が展開された。[2] それと共に、「論理実証主義」の影響を受けたクワイン・W・v・O (Quine, Willard van Orman 1908－2000)等によって、論理分析とプラグマティズム精神の融合によるネオ・プラグマティズムの潮流が興った。

産業革命から約200年余りを経て、1970年代に入ると先進国を中心に地球環境問題の重要性が問われ、「環境倫理学」が学問的に確立した。そして、1990年代には、米国で「環境倫理学」の危機が叫ばれ、プラグマティズムへの転回が模索されていった。こうした状況は、「環境倫理学」そのものに起因しているだけでなく、1980年代に起こった古典的プラグマティズムへの回帰からも少なからず影響を受けている。そして、1992年には「環境プラグマティズム」という用語が確立された。その後、1996年にライトとカッツによって『環境プラグマティズム』が編纂されて現在に至っている。古典的プラグマティズムは、分析哲学、ネオ・プラグマティズムを経て、環境プラグマティズム思想へと展開されたことになる。以上、プラグマティズム思想の歴史的展開及びそれらの環境思

---

[2] 野家啓一は、ネオ・プラグマティズムには、1950年代から世紀の変わり目まで、様々なネオ・プラグマティズムの復興があったとしている。それゆえ、呼称の厳密さにこだわるよりは、フランクフルト学派と同様に、ネオ・プラグマティズムの世代的区分に着目した方が生産的である。すなわち第一世代はクワイン、グッドマン、ホワイト、セラーズによって代表され、第二世代は彼らの弟子筋に当たるローティ、パトナム、バーンスタイン等によって形作られる。そして第二世代の教えを受けたブランダムやマクダウェルらが第三世代を構成する。(但し、オックスフォード哲学の衣鉢を継ぐマクダウェルがプラグマティストかは議論の余地が残るが、セラーズの影響を受けているという点で加えておきたい)としている(野家2015, p.27)。

想への影響を概観した。次には、分析哲学からネオ・プラグマティズムへの展開を取り上げる。

2. 分析哲学の成立からネオ・プラグマティズムへ

20世紀を迎える頃には、プラグマティズムはアメリカ社会に定着した。ところが、1950年代には、ヨーロッパの論理実証主義者達が米国に亡命し、「分析哲学」の拠点が米国に移ったことで、プラグマティズムの影響は衰えた。1970年代になると、分析哲学から再び「古典的プラグマティズム」が見直され、分析哲学のプラグマティズム化が進展した。こうして、「ネオ・プラグマティズム」が形成された。同時期には、「環境倫理学」も誕生している。ネオ・プラグマティズムは、ローティ・Rやクワイン・W・v・Oによって、分析哲学の再評価として、再び注目を集めた。1979年に、ローティの大著『哲学と自然の鏡』(*Philosophy and the Mirror of Nature*)が公刊されるやいなや、米国だけでなく世界的にも波紋を呼び起こし、一般に「ネオ・プラグマティズム」と呼ばれるようになった。岡本は、「ネオ・プラグマティズムというのは固定した学派を指すのではなく、あくまで運動として理解しなくてはならない。そして、ネオ・プラグマティズムはプラグマティズムの復活であり、分析哲学の後続形態(ポスト分析哲学)である。そして、哲学史や同時代の思想と積極的に対話しているので、幅広い視野と複雑な文脈を理解しなくてはならない」(岡本 2012, pp.ⅲ-ⅳ)、とネオ・プラグマティズムの基本的な視点を示している。

そして、「分析哲学」という場合は、前期と後期に分けて考えるのが一般的とされる。これは、ウィトゲンシュタイン思想の前期と後期に応じて、分析哲学の前期と後期が形成されたからである。このことは、前期の分析哲学として、ラッセル・Wやカルナップ・R等、ウィーン学団の論理実証主義者を中心に展開されたとしている。後期の分析哲学を遂行した三つの論考は、クワインの「経験主義(論)の二つのドグマ」(1951)とウィトゲンシュタイン・Lの『哲学研究』(1953)とセラーズ・W の「経験論(主義)と心の哲学」(1956)である。そして、「ネオ・プラグマティズム」を理解するには、この三つの源泉からはじめなくてはならないとして、これを「ネオ・プラグマティズムの三つの源泉」と呼んでいる(ibid., p.4)。以上が岡本によるローティの「分析哲学」説明である。

この三つの源泉のうちクワインが「経験主義の二つのドグマ」の中で「ドグマ」とみなしたのはまず、「分析的真理」と「綜合的真理」との間に、ある根本的な分裂があるとみなすドグマである。そしてもう一つのドグマは、「還元主義」であり、クワインはどちらのドグマにも根拠がないとしている(クワイン 1992, p.31)。

そして、ウィトゲンシュタインの『哲学探究』が、この潮流における一つの淵源として受け入れられることにより、ローティ、パトナム等のネオ・プラグマティズムが形成された。ウィトゲンシュタインが提唱した「言語ゲーム論」については、「言語ゲームという言葉は、ここでは、言語を話すことがある活動の、またはある生活形式の一部である、ということを明らかにするのでなくてはならない。この観点からすれば、人間の活動のほとんどが「言語ゲームとなってしまう」そのため、「なんでも言語ゲーム論」と呼べるかもしれない(岡本 ibid., pp.10-11)、と岡本は述べている。[3]

---

[3] 言語理解には、文脈が重要になり、どんな文脈でどのように使うか、文脈に応じた適切な言葉の使い方を「意味＝使用説」に基づいている。「言語ゲーム論」によれば、語の意味とは、言語ゲームにおけるその使用法で

また、セラーズの『経験論と心の哲学』(*Empiricism and the Philosophy of Mind*) の冒頭（はしがき）で、セラーズについてローティは、「彼は、カントのようにではなく、後期ウィトゲンシュタインのように、概念の所有を語の使用の習得と同一視した。従って、セラーズにとって、言語の習得は意識経験の前提である」(セラーズ 2006, p. Ⅶ) と紹介している。セラーズはこれに対して「種類、類似性、事実等々の意識のすべて、簡潔に言えば、抽象的存在者についてのすべての意識は—実際、個物についての全ての意識さえ—言語に関わる事柄なのである」(ibid., p.69) と述べている。

そしてウィトゲンシュタインは、パースの影響下でモリス・W が作ったプラグマティクス「語用論」(Pragmatics) への道を歩み始める。伊藤は、探究の方法が科学の方法という最も有効な様態をとる時、この意味での実際的行為への還元は実験的方法の下での条件—帰納形式による対象把握を意味し、これらの議論は、パースのプラグマティズムの最も根本的なテーゼだ（伊藤 2003, p.74）としている。このパースが定式化した「プラグマティズムの格率」[4] が後期の分析哲学に影響し、ネオ・プラグマティズムへと展開する。ネオ・プラグマティズムは、特にローティにおいて、ヘーゲル、ハイデガーといった「大陸哲学」の受容やそれとの対決を行うに至って

ある。言語ゲームを区別すると、一つは、子どもが母語を学び取るときのモデルであり「原始的言語」と呼ばれる。もう一つは、「言語と、言語が織り込まれた諸活動の総体をも言語ゲーム」と呼ぶ (岡本 2012, pp.10-11)。

[4] パースの定式化した「プラグマティズムの格率」は、意味の理論を論証することは、人間認識は信念の確定の認識作用であるかぎり、我々の実際的行為への関わりを明示したものとなって初めて明晰なものとなりうるという (伊藤 2003, p.74)。

いる。いわゆる米国哲学と欧州大陸哲学の対決と対話である。他方、「大陸」の側でもハーバマス・J（Habermas, Jürgen 1929－）が、プラグマティズムを受容しながら「カント的プラグマティズム」を標榜し、上記のような米国のネオプラグマティストたちと対決を試みている。ローティは、この後期の分析哲学がプラグマティズムをネオ・プラグマティズムへと導いたと考えている。次に、ローティの分析哲学からネオ・プラグマティズムへの思想的足跡とその成立について概観する。

3.　ネオ・プラグマティズムの成立とその源泉－ローティを中心に

ローティは、米国を代表する思想家（哲学者）といわれている。米国の伝統であるプラグマティズム思想をネオ・プラグマティズムとして現代に再生させたという点においても、重要な役割を果たしたといえる。彼は、ナチスから米国に亡命した「論理実証主義」のカルナップ等の影響を受ける。そして、分析哲学者となり、1967 年に『言語論的転回』（*Linguistic Turn*）を出版した。ローティはヘーゲル哲学的な発想を通じてデューイを再発見し、1979 年には、主著となる『哲学と自然の鏡』へと結実したのである。

そして、分析哲学の流行以降、米国内においても衰退していたプラグマティズムを現代において復興させたことから、ローティの思想は「ネオ・プラグマティズム」と呼ばれることが多い。ローティのネオ･プラグマティズムには確固たる独自の「プラグマティズム」思想があるわけではないし、伝統的プラグマティズム思想をローティがそのまま引き継いでいるわけでもない。しかし、ローティの思想は多面的であり、幅広い議論を展開してきた思想を統合する軸となるものが「プラグマティズム」と呼ばれ、自ら「プラグマティスト」であることを公言している。

ローティの『哲学と自然の鏡』は、分析哲学の展開を概観したものであり、この主著については、分析哲学における、反デカルト主義的・反カント主義的革命の観点から概観したものであり、その目的としてローティは、「我々は、『心』についての『哲学的』見解を持つべきだという確信、『知識』についての『理論』がなければならず、知識は『基礎』を持つという確信、そしてカント以来思い描かれていた『哲学』に対する確信、そうしたものを掘り崩すことにある」として、「私は『心身問題の解決』について議論はするけれども、それは一つの解答を提示するためではなく、私がなぜ問題など存在しないと考えるのかを例証するために成されるのである」(ローティ 1993, p.25)と述べている。

ローティの「ネオ・プラグマティズム」は、『言語論的転回』(1967)の出版を機にして、その影響が大きくなった。これは、20世紀哲学の主動向を表す概念であり、哲学の基本的方法が意識分析(反省)から言語分析へと転換したことを示す。主として英語圏における分析哲学の興隆を方法論的側面から特徴づけた概念である。以後の言語哲学からも多くのものを受け継いでいる。

また、ローティは、「偶然性」と「連帯」、そして、「リベラル・アイロニスト」という人物像について描いている。ローティによれば、「公共的なものと私的なものとを統一する理論への要求を棄て去り、自己創造の要求と人間の連帯の要求とを、互いに同等ではあるが永遠に共約不可能なものとみなすことに満足すれば、どういうことになるかを明らかにすること」である。そしてローティは、このアイロニストについては、自分にとって最も重要な信念や欲求の偶然性に直面する類いの人物—つまりそうした重要な信念や欲求は、時間と偶然の範囲を超えた何ものかに関連しているのだ、という考えを棄て去るほどに歴史主義的で唯名論的な人—を、「アイロニスト」と名づけている(ローティ([1989] 2000), p.5)。

また、アイロニズムは本質的にデモクラシーのみならず人間の連帯に対して—つまりこうした秩序が存在するに違いないと確信している人々である、多数の人間との連帯に対して—敵対していると、思われることが多かった。しかし事実は違う。歴史的に特定の条件づけをされた、連帯に対する敵意は、連帯そのものに対する敵意ではない。ローティの目論見の一つは、〈リベラル・ユートピアの可能性〉を提唱することであるという。ここでの「リベラル」の定義とは、「シェクラーによれば、残酷さこそ私たちが成しうる最悪のことだと考える人々がリベラルである」(ibid., pp.5-6)という。

更に重要なこととして、このユートピアの実現を、さらなるユートピアの構想を終わりのない過程であると考え、現にある《真理》に向かって収斂していくというよりも、むしろ《自由》を永遠に際限なく実現していくこと(ibid., p.8)、とローティは考えている。

以上、ローティがデューイから受け継いでいることを大まかにまとめると、①デューイの「ダーウィン化されたヘーゲル」における歴史主義と可謬主義的真理観、形而上学的二元論の脱構築、②反カント的で「感情」や「情緒」に重点を置き、「成長」そのものを善とする道徳思想の二点である。また、ローティはデューイ主義者であるという印象があるが、大きな違いも存在する。これまでみてきたように、ローティの「ネオ・プラグマティズム」は、古典的プラグマティズムにそのまま直結するものではないと思われる。しかし、プラグマティズムを「ポスト・モダン」の現代によみがえらせ、デューイやジェームズといった古典的プラグマティストたちに改めて光を当てたという点において、ローティの思想は大きな意義を持つものである。

そして、「ネオ・プラグマティズム」は、マクダウェル・J やブランダム・R 等に受け継がれる。ブランダムは、第二世代のローティから指導を受け、第三世代を担う後継者とみなされている。1994 年に『明示化』（*Making It Explicit*）を出版した。岡本はこの著作について「ブランダムの『明示化』が、ヘーゲルの『精神現象学』を現代風にアレンジしたものであり、現代の『精神現象学』といってもよい」(岡本 2012, pp.98-99)、と書評している。もう一人のマクダウェルも、ブランダムの同僚で「ピッツバーグ学派」に属していた。彼も 1994 年に『心と世界』（*Mind & World*）を出版している。マクダウェルは、ローティの『哲学と自然の鏡』を読んだ後、「ローティの仕事は、ここで私が自分の態度をどうやって明確にするかに関して中心的な役割を果たしている」(マクダウェル 2012, p. v)と述べている。 この一文で、マクダウェルがローティから多大な影響を受けたことが窺える。今後もこの二人を中心に、ネオ・プラグマティズムは展開される、と筆者は考える。

以上、ローティの「ネオ・プラグマティズム」の源泉とその成り立ちについて、分析哲学、ネオ・プラグマティズムそれぞれの視点から取り上げ、概観してきた。

最後にまとめとして、プラグマティストの相関関係について示しておきたい。プラグマティズムの源流は、パースに影響を与えたとされるカントと、「超越主義」を鼓吹したエマーソンである。そう考えると欧州と米国の哲学思想と「心理学」が合流したと考えられる。プラグマティズムの創始者はパース、そして、同じくハーバードの「形而上学クラブ」出身のジェームズ、少し世代が離れてデューイへと繋がる。デューイの同世代としては、ベルクソン、フッサール、ミードがいる。ミードを入れて、パース、ジェームズ、デューイが「古典的プラグマティスト」と呼ばれている。それから、半世紀の時を越えて、ネオ・プラグマティズムと分析哲学の時代に入る。その代表としてローティ、クワイン、パトナムの名前が挙げられる。そして、ローティの次には、ブランダム、マクダウェルという第三世代に繋げられている（仲正 2015, p.408)。

以上、簡単にプラグマティズム思想の相関について述べた。次章では、環境倫理学から環境プラグマティズムへの思想形成とその展開について述べる。

第 2 章 環境倫理学から環境プラグマティズムに至る思想形成とその展開

第 2 章では、環境倫理学から環境プラグマティズムに至る思想形成とその展開の中で、環境倫理学における自然の「内在的価値」論が非－人間中心主義の文脈の中でどのように議論されてきたのかを踏まえた上で、人間中心主義対非－人間中心主義の争点は、人間以外の存在に対する道徳的考慮を認めるか否かに端を発していることを確認する。そして、環境プラグマティズムは、環境倫理学を発展させることができたのかという視点での議論が展開される。

環境プラグマティズムは「実用主義」といわれ、理論より実践が謳われたのだが、哲学理論的な論争のみに終始して、政策には活かされなかったという批判を受けた。そこで、環境プラグマティズムが、如何に環境問題への政策の実践を取り入れたかを、主に EP でのトンプソン・P の実践例である「水の事例」を基に取り上げる。従来の環境倫理学から環境プラグマティズムへの展開において、自然の「内在的価値」について、EP におけるウエストンとカッツ、そしてライトの間で如何なる議論が交わされているかを取り上げる。

1. 環境倫理学から環境プラグマティズムへの思想展開

1960 年代に入ると、先進諸国では環境破壊が進み、環境問題が注目されるようになった。その元凶として、西洋キリスト教文明が批判されるようになったことが挙げられる。1967 年に、リン・ホワイト・Jr が、「現在の生態学的危機の歴史的根源」を発表した。この論文は、1968 年に『機械と神』として出版された。ホワイトは、環境破壊の原因を人間中心主義とみなしたのである。そして、現代の

「生態学的危機」に対して、新たなアプローチが提唱された。それは、人間中心主義による自然の道具的利用ではなく、自然の「内在的価値」を提唱した、「環境倫理学」という学問領域である。数学や工学等以外のほとんどの学問分野は、確実な結論を導くことはないとされている中で、「環境倫理学」が何らかの結論を導き出すことが期待された。

その主な主張は、「人間中心主義」への批判と、自然の「内在的価値」の尊重であった。非一人間中心主義論者達は、自然保護を動機づけるためにも、道徳的考慮の対象を人間以外の存在へと拡張する必要があると考えた。そこで、彼らが道徳的考慮の根拠として出してきたのが、自然の「内在的価値」概念だったのである。1970 年代に入ると、環境汚染や自然破壊が社会問題化し始めた。応用倫理学の一分野としての「環境倫理学」は欧米を中心にして様々な諸理論が展開されたが、地球環境問題等の根本的解決には至らなかった。

その原因の一つが、「人間中心主義」(anthropocentrism) 対「非一人間中心主義」(non-anthropocentrism)、「道具的価値」(instrumental value) 対「内在的価値」(intrinsic value) といった二項対立の議論だけが先行して展開されたことである。このような対立の中で、自然保護の動機づけとして、自然には人間の利益とは独立した「固有の価値」があるとして、自然の「内在的価値」概念が論じられていたが、徐々に内在的価値の基礎づけ問題へと焦点は移っていった。しかし、どのような対象に内在的価値が備わっているかをめぐっては、非一人間中心主義者の間でも様々な論争があり、なかなか一致した見解に至らないのであった。内在的価値は人間の主観的基準に基づく価値の反映に過ぎないのだろうか、またその場合、「非一人間中心主義」とは何を意味しているのだろうか、という問いが論じられるようになったのだが、未だに完全な決着はついていない。

また、1960年代には、米国のエリート層を中心に環境運動が起こった。この環境問題への思想的アプローチとして、環境思想(Environmental Thought)という言葉が用いられた。この運動は、環境正義(Environmental Justice)の実現を目指している。環境思想は、そうした運動を信条・理念を表現するものとされている。この「環境思想」について松野弘は、「人間と自然に関する哲学的・倫理学的考察だけを行うものではなく、環境問題を現実的に解決していくための視点・方法・方策を具現化していくための知的装置である」(松野 2009, p.19)という。米国では、「環境主義」という言葉の方が使われている。

一方、環境倫理学は、具体的な環境問題の現場から遠ざかることになった。このように、環境倫理学はくり返し「人間中心主義」を批判し、「生命圏平等主義」や、環境のためには人間の生命の犠牲もやむを得ないと主張した。それに対する反論としては、「環境ファシズム」(Eco Fascism)[5]という揶揄的な呼称が登場した。このように、人間中心主義を批判してそれを脱するという場合、我々は慎重でなければならないと、岡本は次のように言う。「それは自己欺瞞的であることが多いのだ。一見したところ、人間中心主義を批判しながら、それ自身新たな人間中心主義を導入していることが極め

---

[5] この概念は、個体主義と全体論主義の論争の中で、全体論主義は、全体あっての個体だから、個体の存在より全体の存在の方が優先されねばならず、場合によっては、全体の存在のためには個体が犠牲になっても仕方ないという意味合いを含んでいる。そこで、この全体論主義に対して揶揄的に使用される概念(加藤 2005, p.27)。

て多い」(岡本　2002, p.175) と。この「環境倫理学」が人間中心主義批判に拘ったことが、環境問題の現場から遠ざかった一つの要因であり、こうした主張を、具体的にどう実践するかという方針が立たず、環境破壊の進展に対して、環境倫理学は有効な政策を提示できなかったのである。そこで提唱されたのが、「環境プラグマティズム」(Environmental Pragmatism) というアプローチである。

「環境倫理学」の誕生から 10 数年ほど経過してから、1980 年代になると、環境倫理学は単なる理想論で使えないといわれ、もっと実践に役立つ理論を提唱すべきということから、環境倫理学における人間中心主義批判はどこへ向かうのか、人間抜きの自然の「内在的価値」はあるのか、またどのようにしてそれを確かめるのか、それは一元的な「価値」なのか、といった数々の問いが環境プラグマティストによって立てられた。

そのような中で、環境倫理学におけるプラグマティズムの立場が提唱されたのは、ウエストン (Anthony Weston) が 1985 年に発表した「内在的価値を超えて－環境倫理学におけるプラグマティズム－」が最初である。環境倫理学でとなえられた「非－人間中心主義」の確立、自然の「内在的価値」に対しての「道具的価値」ではなく、自然の「内在的価値」を認める理論の正当化に対して批判を加えたこの論文は、再批判を受けることになったが、ノートン (Norton, G. Bryan) やライト (Andrew Light) 等によって賛同を集めて、1992 年に「環境プラグマティズム」という術語をライトが提唱して、環境プラグマティズムへの転換が打ち出された。

そして、地球環境問題の危機に際し、今までの理論的問題に終始する議論に対して、二者択一的な問題の立て方は、むしろ問題解決の妨げになっている、との見方が強まっていった。環境倫理学は、

「理論」から「実践」へと転換して、現実的な解決を模索した結果、具体的な事例に着目した「問題解決指向型の事例研究」が注目されるようになり、「問題指向型」の研究へと展開して、二項対立を乗り超える新たな枠組み構築の動きが出てきたのであった。いわゆる「実践哲学」へのシフト転換である。蔵田伸雄は、「問題解決志向でない環境倫理学、環境問題に関する議論のために使えない環境倫理学には意味がない。形而上学的な『議論のための議論』に終始し、現実離れした独善的な環境倫理学、あるいは科学研究や政治学との協働といった学際的指向の欠如した環境倫理学は応用倫理学として有効でない」(蔵田 2011, p.193)と述べている。このような蔵田が指摘する状況に対して、一つの可能性として環境プラグマティズムの思想は、二項対立図式を放棄して、多様な価値を認めるという「価値多元論」を主張する。環境倫理学から環境プラグマティズムへの展開におけるもう一つの可能性として、自然の「内在的価値」をめぐる議論が挙げられる。この思想は、人間の経験を基礎とした「自然の価値」への関わり方を重視し、環境保護のために、何らかの「実用的な」影響を発揮することを目指すものである。

その後 1996 年には、『環境プラグマティズム(*Environmental Pragmatism*)』(EP)が編纂された。その中での一つの問題点として、環境保護や現場での政策等に環境倫理学は何かの役に立つのか、という問いがある。このような問いから、理論よりも実践を標榜する「環境プラグマティズム」の思想が起こったのだが、これは哲学の放棄ではなく、哲学が果たすべき新たな提起とされている。しかし、それまでの哲学者達は、単なる理論だけに明け暮れてきただけなのだろうか。筆者は、現在でも環境プラグマティストだけがこの問題に取り組み、他の哲学者達は「価値論」という枠内だけに留まり、停滞しているとは一概にはいえないと考える。理論と実践の重なりは米国でも日本でも見られる。従来の「環境倫理学」の完全否定ではなく、新たな意義、使命を考え直すことが必要である。

このように、環境プラグマティズムの様々な提起は、批判が加えられ論争が続いているが、プラグマティズム側の回答が、「主義」の擁護をめぐる理論上の議論に収束されてしまうと、実践を優先させるという自らの言説を裏切り、矛盾していると評価されても仕方ない。重要なのは、実質的に理論と平行するアプローチへの取り組みが行われることである。次に、EP 編纂後の「プラグマティズム的転回」と、その環境プラグマティズムの概観、そして、環境問題に対する具体的な実践について述べる。

2. 環境倫理学のプラグマティズム的転回と環境プラグマティズムの概観 －環境プラグマティズムの実践－

環境倫理学は当初、哲学的な理論的問題が中心になっていた。初期段階におけるプラグマティズムにおいても、そのような傾向にあった。ところが、ローティ等の議論が、プラグマティズムの意義を強調していた頃、環境保護といった実際的問題においても、プラグマティズムへの回帰が叫ばれ始め、現在では、環境プラグマティズムを無視して、環境思想を理解することはできない状況にある。

米国では、環境倫理学そのものに起因する危機が叫ばれ、プラグマティズムへの転回が模索されていた。カッツ（Eric Katz）とライトは、EP の導入冒頭において、「環境倫理学は、道徳的に正当化しうる適切な環境政策を導く試みにおいて、幅広い種類の立場や理論を生み出した」と評価をしているが、環境科学者や実務家、更には環境政策立案者たちの審議に対して、なんら現実的な影響を与えてこなかったようにいわれてきた。自然世界の不安定な状態と、人間を脅かす環境破壊等の環境問題に対して、哲学者は何らかの貢献ができるかが問われている。要するに、環境倫理学は、理論的な討論が環境政策の展開にとって問題含みであるという認識に触発されて、自ら環境プラグマティズムという方法論を展開していかなければならない、とライトとカッツは述べている。

この両者は、もともと哲学理論の方法論的な展開を意図していて、環境政策等への実践展開までは考えていなかったといえる。そして彼らが、環境問題等への政策についてほとんど言及していないことから、環境プラグマティストは哲学理論に終始して実践には取り組まないと批判された。しかし、この批判は妥当だとはいえない。環境プラグマティズムは、全体としては実践に取り組もうとしている。批判されているのは、哲学的な理論的実践としての環境プラグマティズムである。ウエストンとカッツは理論的なプラグマティストであり、実践的なプラグマティストとはいえない。ライトは、公共哲学から実践への道筋を示した点で、実践的なプラグマティストの要素を含んでいる。ノートンは「収束仮説」を提唱したが、哲学理論的実践に重きを置くプラグマティストである。この四人は、環境プラグマティストではあるが同様ではない。

プラグマティスト達は、EP の中では単なる事例紹介のレベルでの取り扱いしかなされていないが、EP の中で実践を標榜しているというのも事実である。その中でトンプソン（Paul B. Thompson）は、「プラグマティズムと政策」の冒頭において、プラグマティズムが政策提言や積極的な行動プログラムに決して結びつかないという批判に対して、プラグマティズム的な環境倫理は、伝統的な応用倫理とはかなり異なる仕方で政策に関わることになるとしている。

そして、政策提言の必要性と、環境プラグマティズムの環境政策論争の典型例として、水政策を挙げている。水政策の中で、頻繁に繰り返される利害対立の二つの事例として、ノースカロライナ州チャタム川の事例と、エドワーズ帯水層の事例が挙げられている。チャタム川の事例は、水の利用に関して、水の所有権と経済成長の保証を主張する川岸の小規模農家(利権者)と、生態系の保護とその利用機会の権利を主張する環境保護主義者(野外活動愛好家等)といった二つの団体の反対運動が背景となっている。チャタム川というのは架空名であり、この事例は、教育目的の水政策論争の教材として作成されている。そしてそれは、倫理的というよりも一般的な技術的運用のために書かれたとされている。

このチャタム川の事例は、法的、経済的分析に重点を置く者や、技術的な解決を提案する者もある中で、それぞれの団体が自分たちの立場を正当化して、公共善のイメージに沿った利害の方向づけをする際の道徳的根拠を吟味することを意図している。そして、それぞれの団体の道徳的根拠のうち最も説得力があるのは、明確な哲学的原理に訴えるものである、とトンプソンは述べており、そこからは、哲学的原理の根拠が明確になれば、当然、道徳理論家たちの間で哲学的な議論に典型的な対立が出現することになる。このような対立は、人間中心主義対非－人間中心主義のような二項対立になることが考えられ、それはまさに哲学的理論の実践であり、従来の環境倫理学の論争としての典型的なものである、とトンプソンは述べている。

またトンプソンは、「水の事例」について、水の本質というものは、とても掴みにくく、その流れは、哲学的な理論に基づくきちんとした方針に馴染まず、現実の環境問題を解決するためには、特定の理論的学説を主張することではなく、プラグマティズム的なアプローチが必要となると言う。そしてトンプソンは、プラグマティストの環境哲学は何を提示しなければならないかと問い、その答えとして、第一には、「プラグマティストは基礎づけ主義的な哲学者の認識と異なる問題を示し、基礎付け主義的な哲学者にとっての問題は、どのように水政策に対して自らの理論を応用するかということにある」としている。プラグマティストにとってその問題とは、「異なる利害が水使用に関する主張の中にあり、どのようにしてその主張は、我々の政治的理想と一致する仕方で解決されうるのか」という問題である。これらの問題はどちらも、個々の文脈においては適切であるかもしれないとした上で、「水政策が本当に問題となる場合には、プラグマティズム的な哲学者が問題視するのは第二の問いであり、それはプラグマティズム的な哲学にとって重要なものであり、プラグマティズム的必然性を有している」、とトンプソンは考えている。

このプラグマティズム的必然性が意味しているのは、問題に対処するために広範な共同体と行為の形成を促進しない水問題に関する如何なる分析も、哲学的に欠陥があり、論争者を固定した立場に置いた分析は、環境問題一般について、重要なことを掴み損ねている 、というのがトンプソンの結論である。(EP, pp.187-205)

結局、思想や理論は実践的な問題の解決に役立たないのなら、机上の空論となる。「水の事例」を道徳教育のテキストとしての教育ツールとして位置づけて、実践に向けた方向性が示されたと考えるだけでは、筆者の考える具体的な実践には届かないのである。

その他には、ウエストンとカッツ論争で取り上げる「沼地の問題」、自然資源の多元的プラグマティックな管理の問題、そして、ノルウェーの環境保護主義者アルネ・ネスのディープ・エコロジーにみる捕鯨論争の問題、特にプラグマティスト的なディープ・エコロジー主義者のガンジー／ネス的非暴力抵抗を過激な環境団体との論争の域を超えた紛争に対峙すること等々の実践例が示されている。以上が EP における環境問題に対するプラグマティスト達の実践例である。その中で、哲学的な理論的論争への執着は環境問題を現実的には何ら解決しないということをプラグマティスト達は認めているが、その一方で哲学的理論の論争も何らかの有益性があり、具体的な実践にも活かされることがあると考える向きがみられる。確かにこのような論争も、その中から具体的問題解決の糸口が生まれることも考えられるが、具体的な行動実践から試行錯誤して紛争解決に向かうことが、喫緊の環境問題克服により一層有効かと筆者は考える。人間は脳の中で思考する理論を重視する傾向にあるが、手足を動かして行動実践することが重要である。行動をとることで、理論が精鋭化することも考えられる。以上が EP における環境問題に対するプラグマティスト達の実践例への筆者の考えである。

従来の考えでは、「環境倫理学」と「プラグマティズム」は、対立的だともみなされてきた。プラグマティズムは人間の利益に基づいた道具主義であり、人間中心主義の典型であって、環境破壊の元凶とみなされてきた。他方で「環境倫理学」の議論が、実践的に有効ではなく、不毛な論争に終始していると自覚されることによって、「プラグマティズムの再評価」が引き起こされた。

それでは、環境プラグマティズムにとって、環境倫理学のどこが問題なのだろうか。なぜ環境倫理学は、その実践的な課題を発展させられなかったのか、という問いなおしに対して、ライトとカッツは、その一つの理由として、方法論的及び理論的独断論、すなわち、

「教条主義」を挙げている。この教条主義というのは、一種の主観主義であり、その理論自体を不変の教条（ドグマ）に当てはめて考えるという思想である。主流派の環境倫理学は、ある小さな範囲のアプローチだけがこの領域において価値があるとする狭い傾向の下で発達してきたとする。この狭い傾向とは、環境哲学を展開するいくつかの方法のみが道徳的に正当化可能な環境政策を生み出すという見方である、とライトとカッツは答えている。以上が、EPの冒頭におけるライトとカッツの環境倫理学とプラグマティズムに対する基本的な考えである。(EP, pp.1-3)

そして、環境倫理学は「二項対立図式」の中で、そのどちらか一方を選択するという枠組みに訴えた結果、「道徳的一元論」へとシフトしたのである。それに対して、環境プラグマティズムは、こうした二項対立図式を拒否し、道徳的一元論を退ける。ライトとカッツは、環境倫理学にとってはこの領域における新しい立場を考える時であり、そしてもっと重要なのは、その方向性を再評価するというのが環境プラグマティズムの結論だと述べている。

日本国内に目を向けると、EP編纂後の21世紀に入り、「環境プラグマティズム」を取り上げた白水士郎は、「今や環境倫理学は、過去の失敗の反省に立って、『応用哲学』ではなく真の『実践哲学』へと転換しなければならない。そのためには、現実問題から切り離して理論上の問題が解決されるという従来の想定を拒否して、『問題指向型』の研究に赴かなければならない」(白水 2004, p.162)と述べている。そして岡本は、国内において「環境倫理学」と「生命倫理学」に対して異議をとなえた。岡本は、環境プラグマティズムがどこに向かうかを考えるために、「環境倫理学の20年サイクル説」と位置づけて、EP編纂から20年以上が経過した現在において、様々なアイディアや構想が示されてきたが、その中で何が残っているのだろうか。環境プラグマティズムもまた転換期を迎えているのではないか(岡本 2012, pp.227-228)と問うている。また、神崎宣次は、従来の環境倫理学は自然の「内在的価値」のような抽象的かつ形而上学的な理論についての議論に没頭した結果として、現実の環境政策の形成過程に影響を与えたり、貢献したりすることがほとんどなかった。「とりわけ致命的だったのは、内在的価値だけが自然の価値として正当化されなければならないという学問領域内部での問題設定に固執した結果、人々が自然に多様な価値を認めているという現実を環境倫理学が見落としてきたことである」(神崎 2011, p.302)と述べている。

以上、環境倫理学に対して関わりのある、国内の論者達の捉え方を取り上げた。ここまで「環境倫理学」から「環境プラグマティズム」への展開を見てきたが、米国でも国内でも、環境プラグマティズムへの展開、特に実践面での展開は進展していないようである。次章では、プラグマティズム思想と自然について、米国と日本の捉え方について述べる。

第3章 プラグマティズム思想と自然ーエマーソン、ソローの「超越主義思想」から自然の価値観についてー

ここまでの第1章から2章では、米国におけるプラグマティズム思想への歴史とその変遷、そしてその内容について概観してきた。環境倫理学に限ってみても、その大きな潮流は、人間と自然との二分法の中で議論が行われている。そこで第3章では、プラグマティズム思想と自然について、米国のエマーソン、ソローの「超越主義」思想から自然の価値観、そして人間と自然の関係と、その人間と自然の二分法における「自然の価値」に関する議論を、プラグマティズムの視点から取り上げる。

1. 米国における環境と自然思想

米国における自然思想の成立背景については、アメリカの環境史を基に振り返ると、次のことが見えてくる。環境史家の小塩和人は『アメリカ環境史』(2014)で、荒野から都市そして郊外へと変容する歴史は、文明が科学技術を駆使して自然を征服する進歩の過程と考えられてきたが、環境破壊の歴史は進歩とはいえない。更に、人間の働き以上に自然が自らを変えていく力を持っているとする第3の歴史観が定着しつつあるとして、人間が広大な空間に働きかける一方で、自然は人間社会に影響を及ぼす過程であることを忘れてはならないし、それは歴史を動かすのは人間だけではない、という環境史が訴える新しい歴史認識に繋がることを意味している(小塩 2014, pp.7-8)、と小塩は自身の歴史観を述べている。要するに米国の環境史においても、人間と自然の相互関係から進歩と衰退をして

きたのである。この衰退が 1960 年代頃から顕著な形として現れたと筆者は考える。

ヨーロッパ人から見た北アメリカ大陸は、15 世紀末にイタリア人の探検家クリストファー・コロンブスによって発見されたとされている。（実際は、大西洋を渡って現在のバハマ諸島にあるサン・サルバドル島に着いた。当初ここをインドと思っていたことが判明している。）その後、17 世紀初頭になってから、理想国家実現と、個人的成功を夢見た人々が、ヨーロッパ大陸からアメリカ大陸に移住した。このピルグリム・ファザースといわれる移住者たちは、上陸後にアメリカ合衆国建国に向けて、計画や夢が新天地で叶えられるという確信が、開拓者としての苦難に耐える原動力となり、かつ米国は特別な使命を持って生まれた国であるという強い意識が生まれたとされている。その背景には、アメリカ大陸が自然に恵まれていたこと、つまり気候風土が快適であり、天然資源が豊富であったことが、開拓を可能ならしめたのであった。また、米国が特別な国であるという意識を住民に植えつけたことが、現在の超大国アメリカ合衆国に繋がったとされている。このような時代背景の中で、環境意識や自然観、そして自然思想が培われていったのであるが、入植前から存在した先住民族の自然観にも目を見張るものがあったとされる。

環境思想史家のナッシュ・R は、「最初のアメリカ人(インディアン) は『環境保護の聖人』ではなかった。しかし、彼らを追い払った白人よりインディアンの方が、環境との関係ではより多くの規制を受け入れていたし、人間は他の生物と共に、単一社会を形成しているという考え方を持っていた。そして彼らは人間と自然との相互依存性を理解し、自然への尊敬の念という倫理をはっきりと宣言していた」（ナッシュ 1993, pp.233-236)と述べている。

ここで、環境思想の源泉とされた、20 世紀初頭に起ったヨセミテ公園のヘッチヘッチ渓谷のダム建設をめぐる「保全」VS「保護」論争は、19 世紀末に起った自然・資源保護運動における論争の代表例である。それは、ヨセミテ公園内の渓谷にサンフランシスコ市の水道用水源としてダム建設の計画が生まれると、自然保護を主張する人々の間に対立が生じた。ダム建設反対派(自然保護)のミューア・Jと賛成派(自然保全)のピンショー・G が争ったが、より多くの人々の利益を優先したダム建設賛成派が勝利して、ダム建設が実現した。しかし、負けたミューアは、米国最初の自然保護団体「シエラクラブ」を創設して、自然保護運動を推進した(加藤 2005, pp.164-165)とされている。

このことは、米国における自然環境保護の思想的対立に由来していて、その要因は、自然環境保全主義 (Conservationism)と自然環境保護主義 (Environmentalism)という、人間が内包している自然の価値に関する対立にある。この対立は、人間中心主義対自然中心主義であり、経済開発優先対環境保護という構造となっている。その代表者として、ピンショー・G (Gifford Pinchot 1865－1946)がダム建設容認派(保全)として、ミューア・J (John Muir 1838－1914) は反対派(保存)として闘ったのである。この環境思想の草創期に起こった対立について、松野弘は「環境思想は環境問題に対する人間の内面的矛盾を解決するための精神的処方箋としての役割は果たしてきたけれども、環境問題を思想的に変革し、産業社会に代わって、環境社会を構築していくという、能動的な役割を持つには至っていない」(松野 2014, p.218)と述べている。

この論争に負けたミューアは、自然そのものに価値があるという認識を深め、市民運動を展開して、社会的影響力を持った。そのミューアに影響を与えたといわれるソロー・H・D (Thoreau, enry David 1817－1862)[6]とエマーソン・R・W (Emerson, Ralpf Waldo 1803－1882)[7]をここで取り上げる。

ソローは『ウォールデン―森の生活』(*Walden ; Oer Life in the Woods*) (1854)において、当時のアメリカ社会に対する鋭い批評から、自然に対する叙情的で親密な関係へと移っていった。このソローの著作は、自然に関する新しくより深い価値評価の基準となり、彼の死後、エマーソンとミューアが始めたとされる米国の環境運動に繋がった。そしてソローは現代の「環境の英雄」、米国の自然文学の父となった (パルマー・J 2004 a, p.207)。ソローは、森の中の湖畔での「簡素な生活・高き想い」を２年２ヵ月実践し、それを通じ

---

6 ソローは、インド独立運動のガンジー、アメリカ公民権運動のキング牧師らに感銘を与え、世界を変えた本、『市民の反抗』(1849)の著者としてよく知られているが、一方で『ウォールデン―森の生活』(1854)を著して人間と自然に関する思索を深化させた思想家であり、ネイチャーライティングの創始者、自然保護運動の理論的先駆者として、現代の人間中心主義文化を問い直す上で最も注目されている一人である(上岡 2007, p.53)。

7 エマーソンは、米国マサチューセッツ州ボストンに生まれる。ハーバード大学を卒業し、その後ハーバード神学校で伝道資格を取得し、ユニテリアン派の牧師になるが、教会の形式主義に疑問を感じて辞職し、渡欧。ワーズワース、カーライルらと交わる。帰国後は個人主義を唱え、米文化の独自性を主張した。そしてスウェーデンボルグ神学の強い影響を受け、次第に当時の宗教的社会的信念から離れ、1836年に汎神論的象徴主義による評論「自然」 (Nature) を発表し、これが彼を中心とする超絶主義運動のバイブルとなった(エマソン選集1「自然について」他より)。

て、人間と自然との調和のとれた関係を描き、人々の関心を自然に向けたのである。ソローが生まれて愛した村は「コンコード」と呼ばれ、ウォールデンは、自然と文明の結合点であった。それは、米国精神の原点となるべきところでもあり、彼はそこを自由に闊歩したといえる。「自然と人間の生活」についてソローは次のように述べている。

> 自然と人間の暮らしは、私たちの精神や体と同じように、変化に富んでおり、遠く離れながら、同じことを、同じ瞬間に考えているかもしれない。私たちは、1時間のうちに世界の歴史のあらゆる時代のすべてを生きることもできる。私たちに伝えられた歴史や詩、そして神話の数々、それらは、私たちが互いの目を通じてものを見ることでドキドキさせられ、生き生きと知ることに比べたら、僅かしか与えてくれない。また、私は、隣人たちが善とするものの多くを、私の魂に照らして悪としかいえない。私が何か悪と感じた時は、ほとんど私は善き振る舞いをしている（ソロー（[1854] 2004), p.20）。

このようにソローは、人々が善であるというものの大部分は悪であると心の底から信じていて、彼の人間観、ソローの生き方の原点が窺われる。ソローは、現世を避けるといった厭世的なものではなく、人生への積極的関心と自己分析による自己信頼と、人間の尊厳と本当に自立した生活を目指した。このことが後に「奴隷制度反対」運動に見る人間再建の考えに繋がったのである。ソローの自然観については、環境倫理思想と科学的思想を兼ね備えていたことが重要である。というのも、現代の人間と自然・環境をめぐる諸問題に対応する際に、ソローの「緑の思想」は大きな役割を果たすことになるからである。[8]

しかし、ここでいう現代の自然は、ウォールデンの牧歌的な状況とは対照的に、野蛮で、強力で、非一人間的で、孤独であった。また、ウォールデン池については、ソローにとって文明と原生自然の間の中道であったとされる。彼は、ウォールデン池にある人間と動植物の共同体を好んでいた。自然には「高尚な目的」があり、他方でそれは、自然美を楽しむという、心の慰めも提供する。ソローは後に、「生命中心主義思想」を鮮明にしている。『森の生活』の主眼は、文明の進歩によってものに囚われ始め、「静かなる絶望の生活」を余儀なくさせられている人々に、自然の精神的意義を訴え、よりよい生き方を追求するようにと覚醒させることにあった。このようなソローの意図は「超越主義思想」を反映したものといえる。

一方、エマーソンの自然観は、『自然』(1836)の中で、「我々は、天地の創造が完全であることを信頼しなければならない。そのために、自然の秩序が、我々の心に引き起こす好奇心は、すべて、自然の秩序が答えてくれると信ずる」として、自然の有用性を讃美している。また、科学については、すべての科学は、一つの目標を持っている。すなわち、自然の理論を発見するという目標である。我々は、種族や機能に関する理論は持っているが、まだ創造の観念には

8「緑の思想」をとなえたソローはロマン主義の影響を受け、相互依存や全体論に関心を持つエコロジカルな思想を帯びていた。部分から相互に関連して全体をつくりあげていくことを日常の緻密な自然観察により学んでいた。自然保護区をもって国立公園創設を提唱する(上岡 2007, pp.57-59)。

少しも近づいていない（エマーソン（[1836] 1960), pp.45-46）と述べている。要するに、現在、真理に到達する道から、ほど遠いところにいるということである。

このように、同年代にコンコードで生きた、エマーソンとソローの思想にも若干の違いは見られたが、プラグマティズムは、エマーソンやソローによって培われた米国の自然保護思想の伝統である「超越主義」(transcendentalism)に結びつくのである。これは、「神・自然・人間」との究極的な一致を目指して、経験を超越して直感的に捉えようとする思想である。

19 世紀の後半になると、米国では自然保護への気運が高まってきた。その前半には、多くの人々はウィルダネス（Wilderness)を人間が克服すべき対象であり、農地や街に変化すべき風景と考えていた。この変化は、南北戦争による影響にも一因がある。1864 年にヨセミテを州政府管理公園として、1872 年には世界初の国立公園「イエローストーン」が創設され、国立公園は「アメリカの発明」と呼ばれている。こうしてウィルダネス、自然保護の思想や国立公園という制度は、あたかも普遍的な価値を有するかのように考えられてきた。果たして自然保護思想が絶対的価値を持つのであろうか。ウィルダネス概念への批判は、環境破壊の容認と誤解されないのだろうか。ここで、「原生自然」という認識の形成過程とその矛盾について見定めることが必要である。

それでは、ウィルダネスとは何か。小塩は、このことについて、それは「荒野」とも「原生自然」とも訳されるが、その歴史的背景を辿るとユダヤ・キリスト教から始まる。そして中世を経て、自然美が称賛されるロマン主義においては、人々の目はウィルダネスとその管理へ向けられるに至った。そして原生自然が、植民地時代の清教徒が考えたように畏怖すべき対象ではなくなり、人間によって開発された結果、むしろ失われるが故に守られるべき対象に変化したからである。しかも、人の手が入っていない自然を保護することは、崇高な使命だと考えられた。そして南北戦争前後の時代には、人間による開発からウィルダネスを保護しようとした思想が登場した。そして、人々の目はウィルダネスとその管理へ向けられるに至り、開発促進から保護重視へとウィルダネスに対する価値が逆転したのである(小塩 2014, pp.176-182)。また、それとの対峙においてアメリカ文化が形成され、アメリカ人として、また個人としてのアイデンティティーが形作られたといえる。そのアイデンティティーを形作ったといわれる一人として、後に米国の環境倫理学の父と称されるアルド・レオポルド(Leopold, Aldo) の存在がある。生態学者のレオポルドは、1948 年に「土地倫理」を提唱した。その中でレオポルドは、原生自然について「原生自然は、人間が文明という人工物を作り出す素材である。均質な素材であったためしがない。実に多種多様である。世界の文化の豊かな多様性は、素材となった自然の多様性が反映している」(レオポルド 1986, p.290)と述べている。

そして現在の米国では、国立公園、国有林に散在する「ウィルダネス」をまとめて保護するウィルダネス法 (1964 年制定)に基づいて、それらの保存・管理をしている。フロンティア精神とウィルダネスへの関心に米国のアイデンティティーが重なり価値観の変容がもたらされ、エマーソン、ソロー、ミューア等 19－20 世紀初頭のウィルダネス保存論者の思想を捉え直す形で、1970 年代以降の非－人間中心主義の「環境倫理学」が形成された。「環境倫理学」は、「ウィルダネス」をその中核概念としている。このように、時代を下るにしたがって、西洋的な自然観は、自然を支配・管理するものとして捉える傾向が強まる。そして、それが近代以降の科学技術の発展の基礎となった。それらが、私たちに多大な利便性や豊かな生活をもたらしたと同時に、地球環境問題や様々な生命倫理問題などを生じさせたとも考えられる。次に、その米国における自然と人間の関係を中心に捉えてみていく。

2. 米国における自然と人間の関係について

ここまで見てきたように、米国では都市化や文明発達のために自然の利用が進められ、その一方で、自然保護という名目で、「原生自然」の保護や神格化、そして国立公園指定等がみられる。「シエラクラブ」のような環境保護団体も後者の立場をとっている。

本来、人間と自然の関係は、調和していることが必要である。それには、人間の生活自体が深く自然に入り込み、資源を大切にして、人間の行為によって自然が維持され、人間と自然の互恵関係が結ばれることが望ましいと考えられる。しかし、米国の環境史を辿ると、開拓者精神による自然破壊と自然利用が行われ、その反省から自然保護や環境運動の展開が成された経緯がある。特に、先住民とその文化に対する開拓者の行為は問題である。

そこで、ソローがウォールデン池での自然体験による自然への回帰の必要性を発見したこと、自然への畏敬や尊厳という人間の心の中にある自然の「内在的価値」を創造することについて、「畏敬」や「尊厳」が重要な要素であるということは、自然と人間の関係においての論点となる。その論点としては、人間と自然の関係において両者は対等な存在でありうるということが前提なのか、それとも人間は自然の一部であり、自由に改変することができる存在なのかが問題である。他方で、自然の概念は極めて複雑である。「自然」には、国家、民族、環境、宗教、思想等々の違いに基づいて、多種多様な捉え方がある。

クレブス・A (Krebs, Angelika 1961－)は、「我々は『自然』の主要な意味のすべてを把握しようという不可能なことを企てるつもりはない。むしろ、我々は、我々が関心を抱いている自然保護という実践的問題にとって重要な自然概念の意味を探求したい」という。また、クレブスは「自然の定義は、自然のうちに織り込まれている精神あるいは力が存在するということを前提としている。そのような問題は定義という手段によって決定されるべきではない」、と述べている。

また、自然が因果的なメカニズムに過ぎないのか、それとも意識・感情・目的論的あるいは道徳的な知恵にまで恵まれているのかどうかは議論に委ねられなければならないとして、クレブスは、「因果法則によって支配されているすべてのものというような『自然』の定義は我々の実践的なコンテクストにとって広すぎる」とした上で、「そうした定義に従えば、自動車や原子力プラントという人工物も『自然』の概念に含まれることになるが、そのようなものは自然保護論者たちにとっては関心の対象ではない」としている。そして、我々の力で支配できないものもたくさんあるが、自然保護論者たちにとって「過去」のように対象にならないものもある、とクレブスは考えている。(クレブス 2011, pp.30-31)

前出のエマーソンも、「自然」と「人工」について、「『自然』は、普通の意味において、人間によって変えられていない要素のことをいう。空間、空気、河、葉、などである。『人工』は、こういう自然物に人間の意志をまじえたもの、つまり家屋、運河、彫像、絵画などをさす」(エマーソン([1836] 1960), p.47)と述べている。このことは、「人間」についても、人種等での違いがみられる。当然、人間と自然の関係についても同じことがいえる。

一方、強い人間中心主義者といわれるパスモア・J (Passmore, John 1914－2004)は、「人間は、自由に自然を取り扱ってよいという表現が先行しているが、自然への協力としてのスチュワード精神の伝統について、人間の責任は自然に対して協力することにより完成させることであるという伝統とある程度結びつく」とした。人間と自然との関係を、未開発の土地を開発するという見方で眺めると、土地を「開発する」とは潜在的可能性を現実化すること、それ自体の当為を明るみに出すことになる。つまりこれを完成することになると述べている。

そしてパスモアは、「アクィナスにとっては神の恵みが人間の本性を完成するように、ちょうどこれと同じ見解に基づけば、人間の恵み—通常は神から派生するものと考えられていることは明らかである—が自然を完成するのである。自然を完成するためには技能が必要になり、その意味では支配も必要になる。しかしそれは完成するための支配であって、決して破壊し隷属化するための支配ではない。したがって自然に関する人間の義務とはその潜在的可能性を生かしてこれを完成させることなのである」（パスモア 1979, pp.56-57) と述べている。

また、パスモアはこのことについて、「伝統的なギリシア宗教は、人間が世界の支配者であるとか、あるいは支配者になることを求めるべきであるという考え方を全く奨励しなかった」としている。そうした支配権を求めるならば、「それは人間の側で勝手に自分を神と決めてかかる傲慢にほかならない。こうした思い上がりは、プロメテウスの運命が教えているように、必ず災禍をもたらすものと信じられていた」、とパスモアは言う。ところが、ギリシア啓蒙主義以降、傲慢の概念が排除されると、事態は一変することになった。動物の生命は本当の意味で人間のためにのみ存在するという考えが、明示的に支持されるようになったとパスモアは言う。

そしてパスモアは、アリストテレスが『政治学』の中で論じているように、「植物は動物のためにつくられ、動物は人間のためにつくられている。野獣はその大部分が食糧のために、またその他の補給のために、すなわち衣服やその他のものがそれらから得られるために存する」という彼のこの結論が「自然は何ものをも不完全なものとしてつくることもなければ、また徒らにつくることもない」という前提から必然的に導かれる（ibid., p.20）としている。歴史は、このような古代ギリシア哲学の時代を経て、近世のルネサンスにおける人間観は、人間の欲望を否定していたキリスト教会の「神」中心の中世に対して、人間の欲望を肯定する人間中心の文化と、ギリシア・ローマの古典文芸の復興を目指した。人間の欲望を無限に膨らまして、思い通りに自然を支配しようとする傾向は、近代になりますます目立つようになった。

そして、米国における人間観は個体主義に席巻されていて、前述の「原生自然」保護の素晴らしさが語られ、自然に対する関わりの深さと、自然の改変への思いの関係は単純ではない。人間が積極的に自然を利用してきた「人間中心主義」の歴史を踏まえて、人間の営みや思いをどう考えるかを考慮しなければならない。デ・ジャルダン(Joseph R. Des Jardins)は、原生自然の保護と保存といった問題は、美的、精神的、歴史的、そして象徴的な価値に対する我々の懸念を大きくしている（デ・ジャルダン 2005, p.406)という。このような原生自然の保存を主眼とした非－人間中心主義から、米国の先住民(インディアン)の自然観や生活のスタイルを理想化して、それに学ぶ姿勢になりがちだが、それは今の近代文明社会での資源や環境問題等の解決策を、その対極にある伝統社会に求めて理想的な社会をそこに投影しているに過ぎない。まさに米国の社会も、そのような傾向があるといえる。ここまで、『アメリカ環境史』を基に米国の人間と自然の関係をみてきたが、次に我が国における人間と自然の関係について、森岡正博の議論を中心に取り上げる。

3. 日本における自然と人間の関係について
－森岡正博の議論を中心として－

この「自然と人間の関係」の問題について森岡正博は、「自然を守るとはなにを守ることか」(2009)において、自然を守るということは、具体的に何をすることなのかという「人間と自然の関係」を次の視点で捉えている。一見、宅地造成は自然破壊である。山に生息していた植物を伐採し、動物を追い払い、人間の住むマイホームを建設することは、人間にとっては幸せな家庭を得ることになる。ここにみられるのは、「保護」と「開発」の対立である。保護するのは「自然」を守るためであり、開発するのは「人間」に利益をもたらすためである。ここには二項対立があるように見える。しかし、この対立は、自然を守ろうとしている人々の内部にみられると森岡は指摘する。すなわち、伐採した木は植林による持続的な林業が営まれるという工夫が成されることで自然破壊はしていないということになる。むしろ逆に手を入れることによって、森林管理が持続的に行われ、山の自然が守られていると考えられている。すなわち、林業を営むのは自分たちの利益のためであり、材木を消費する人々の利益のためだから、その第一目的は「人間のため」である。すなわち、人間が消費した資源はいずれ形を変えて再生される。そこに人間の手が入ると利便性が増す。結果的には人間の管理下での自然保護が達成されているということになる。

しかし、ここには問題点がある。森林を持続的に守るとしても、元にあった多様な自然生態系は植林によって失われることになる。そこに人間に都合のいい木ばかりが植えていかれるとしたら、これは貴重な自然を人間の利益になるような自然に置き換えているに過ぎない。森岡は、これは自然保護とはいえないとして、「その地域に長い間生き続けてきた貴重な生態系を、そのまま手つかずに守っていくことこそが、真に自然を守るということである」という。このような考え方に立てば、林業は行ってはならず、国立公園のように「手つかずのまま」に保存することになる。例えば「明治神宮の森」のように、100 年余りという時を経て、高木、中木、低木の植林バランスに富み、多様な生態系が棲むように設計されているなら、人間の手垢がついたとはいえ、そこに新たな自然が形成されていくと考えられる。しかしここには、自然を守るのは人間のためになるから守るべきか、自然それ自体に価値があるから守るべきなのかという大問題が存在する。この考え方は、「持続的な開発・発展」(sustainable development)[9]と「ディープ・エコロジー」(deep-

[9] 未来世代に対する義務と責任という考え方(世代間倫理)は「持続可能な開発」の原則のうちに反映されており、そしてこの「持続可能」という概念は、いまや環境問題に対する世界各国の取り組みにおけるキーコンセプトとして認知され機能している(加藤 2005 p.211)。ローマクラブ報告『成長の限界』に登場したディリー・H の三条件で、持続可能性とは、枯渇型の資源への依存からの脱却と廃棄物累積の回避だとされている(ibid., pp.47-49)。

ecology)[10]という思想に結実した。

そして森岡は、人間のために自然を守るのか、それとも自然自体に価値があるから守るのかという二項対立の議論は「まぼろし」であると言う。また森岡は、「自然というのは、人間の介入をものともせずに、それを利用することによって新たな自然の姿を自ら創造していくのである。生態学の視点からみれば、自然は常に人間の介入を敏感に反応して、その都度自らをつくり変えていく。自然と人間は、お互いがお互いを必要とするようなダイナミックな関係にある」(森岡 2009, pp.26-.27)という。このような関係において人間と自然は、分離されているのではなく、お互いに調和し、共存・共生しているのではないだろうか。人間と自然を、利用したり、利用されたりという利益の関係として捉えた「環境倫理学」は、このような点を視野に入れていなかったと筆者は考える。この雄大なるダイナミックな「自然」の完全掌握は不可能に近いといえる。そして、何千年、何万年という時代を経て、現在において手つかずの自然はなかなか見当たらないだろう。自然生態系の変化は刻々と起こっている。すなわち、絶滅種もあれば新種も誕生していくのであり、大自然は新しい自然を次々とダイナミックに生み出していく。「環境倫理学」の議論は、生態学の視点から明らかになった事柄を念頭に置かないと、不毛な議論となる。更に、「自然のために自然を守る」のが自然

---

10 ノルウェーの哲学者アルネ・ネスは、長期的な視野を持つ深いエコロジー運動を 1972 年に発表した。ネスは、生命を関係論的にとらえることから始めている。生命体や人間を個々のバラバラなものとして考えるのではなく、相互に関連し、全体のフィールドに織り込まれた網の目の結び目としてとらえるように、原子論的ではなく、関係論的な世界観として人間を含めた生命としてとらえている。そのような中で、生命圏の中での平等主義をとなえている(鬼頭・福永編 2009, p.7)。

保護といえるのか、という問題がある。ヨセミテやナイヤガラの滝、屋久杉などには、貴重な「内在的価値」があるとされている。

森岡の「自然と人間の関係」についての議論は、その結論として、自然を守るとは何を守るかといえば、「自然それ自体の尊い価値のために自然を守ることでもなければ、単に人間の利益のために自然を守ることでもない。人間と自然は明瞭に分離することはできない。自然保護の場面では、人間と自然は一つの繋がりに連続している」とした上で、「人間－自然連続体」という概念を提唱している。

森岡の言う「人間と自然の関係」については、人間も自然の一部と考え分離することはできないし、一つの繋がりであると考え、この点においても筆者は森岡と同じ立場にある。但し、「人間は自然の奴隷である」という森岡の表現には抵抗がある。人間と自然の二項対立は、森岡には導入のテーマであったが、なかなか解決できる問題ではない。しかし、森岡の論点はかなり大きな課題を示唆している。森岡の言うように「環境問題の諸問題に対して、オリジナルな仕方で迫っていくことが大事である」(ibid., p.32) と筆者も考える。

そして、筆者もみずからそのような試みに着手したく、本書をその足がかりとしたい。そして、従来の環境倫理学は、「非－人間中心主義」の立場として道具主義的観点をとるプラグマティズムを批判する。それに対して、環境プラグマティズムの立場は、自然の価値や「内在的価値」の再考を掲げている。次に、「自然の価値」について、環境倫理学的視点から述べる。

4. 自然の価値について

環境倫理学では、自然に対する「保全」と「保存」という考え方がある。その両方が「守る」ということを意味している。「自然」

(nature)へのアプローチは、「自然の価値」という視点から成される。「自然の価値」を探求する学問を、「自然倫理学」という。そこには、「自然の価値」は人間にとっての道具的価値に過ぎないのか。自然もまた「内在的価値」を持っているのか、また、自然はその価値を持つから守らなければならないか、などの問いがある。自然的(natural)という意味についても多くの使われ方があるがゆえに、この「自然」の意味のすべてを把握しようとしても不可能であることから、本書では、「自然の価値」に絞って論述を進めたい。

自然の価値について考える時、米国の「原生自然」(wilderness)という人間の手が入っていない自然と、人間の手が入った日本の「里山」のような自然がその手がかりになる。米国にも森林を管理する(stewardship)という考え方があるが、自然とは、原生自然に近いものを意味する。自然は存在するだけで価値があり、単に人間の目的成就のために役立つからという理由だけでなく、その存在そのものが目的としての価値を持つのかという議論が、環境倫理学において展開されてきた。

原生自然については、自然の「内在的価値」が強調される時、人間が足を踏み入れていない自然というイメージがある。手垢のついていない自然、手つかずの自然という表現もされる。ところが、こうした「原生自然」は「環境倫理学」が掲げた理想に過ぎないのか。自然の「内在的価値」を原生自然に求めても、現実味がないのではないかという問いがある。ドイツの哲学者クラウス・マイヤー＝アービッヒ (Klaus Michael Meyer Abich 1936－)は、手つかずの自然について、「地上全体を見れば、実際に我々が今日でも体験しているように、多かれ少なかれ人間の干渉に基づかないように見える景観などはほとんど存在していない」(クラウス・マイヤー＝アービッヒ（[1984] 2005 a), p.202)、と現実味のある考えを述べている。

また、人間以外の存在を手段や道具として考える「人間中心主義」では自然を保護する倫理的対応が導き出せないと考える「非－人間中心主義」にとって、自然の「内在的価値」をどのように論理的かつ整合的に説明できるかが、その中心的課題の一つとなった。そして、「自然の価値」は人間にとっての「道具的価値」(instrumental-value)に過ぎないのか、あるいは自然も「内在的価値」(intrinsic-value)を持っているのか、という問いがある。

自然の価値には、主に「内在的価値」、「本質的価値」、「道具的価値」の三つの側面がある。また、自然は「内在的価値」(inherent value)を持つと表現されることがある。あるいは「本質的価値」(intrinsic-properties)を持つと表現される。それと、生物それ自身が「固有の価値」(inherent worth)を持っているという場合もある。

ここでは、intrinsic value についての分析を、安彦一恵の「自然の価値をめぐって」(安彦 1996)から取り上げる。安彦は、「どうして『自然の価値を持つ』といえるのか」と問う時、様々な形で、しかし抽象的に一般化すると「我々人間にとってプラスになるから」と答える場合もあるとした上で、この「人間中心主義」の答えに対して、環境保護に積極的に関わる人々は、「自然はそれ自身として価値を持つ」と答えることになる。そこで安彦は、「自然は、たとえ我々にとって有用でなくても、有害であるとしても守らなければならない」という主張があるが、その前に我々がまずしなければならないのは、こうした「自然はそれ自身として価値を持つ」という言明の分析だ、と述べている。

更に安彦は、この言明は、倫理学的、そして学問的には「自然は intrinsic value を持つ」「inherent value を持つ」と表現されるが、その用語法には統一性が欠けていると指摘する。したがって、intrinsic、inherent の用語法の整理が第一の課題となる。Moore の用語法もあって前者を用いた intrinsic value という表現の方が標準的である。O'Neill による表現なら以下の三通りの用法がある。すなわち intrinsic value は、1.「非－道具的価値」 2.「一定の対象がその intrinsic properties にのみ依存して持つ価値」(非－関係的特性にのみに依存して有する価値) 3.「『客観的価値』、つまり、一定の対象が評価者(価値づける者)の評価(価値づけ)から独立に持つ価値」の三様の意味を持ってそれぞれ使用されている。この標準的用法での intrinsic がほぼ定訳となっている(安彦 1996, pp.1-2)。本書では、自然の「内在的価値」は intrinsic value で統一したい。

環境倫理学は、人間中心主義の否定と、人間でない対象への倫理の確立を目指した。その後、プラグマティズム思想を基にした、環境プラグマティズムが発展することで、環境問題に対する新しいアプローチが期待された。そこでは、環境政策への展開の可能性と、その妥当性を見出すことができるかを明らかにしなければならない。そのために重要な概念の一つが、自然の「内在的価値」である。ここまで、自然の価値について述べてきたのだが、それに対して「道具的価値」とは、自然に対して、それを人間が利用するという観点からの価値づけが、我々の行為の一つの根拠となってきた。これは、自然には、人間の利用に依拠した価値が存在し、だからこそ守らなければならないという考え方があり、人間中心的な価値といえる。また、自然には、人間が余りにも過剰に手を入れると、自然災害等で禍となって還ってくるといった側面もある。この点で、自然を畏敬や畏怖の対象としてみるという考え方がある。次章は、自然への畏敬と尊厳についてのウエストンとカッツの議論展開を取り上げる。

第 4 章　環境プラグマティズムにおける自然への畏敬と尊厳

第 4 章では、「自然への畏敬と尊厳」について、ウエストンとカッツによる議論展開を取り上げる。そして、環境プラグマティスト達の「神—自然—人間」についての議論展開を考察することにより、環境プラグマティズムは自然の「内在的価値」をどう捉えるべきか、という考えをまとめる。

1.　ウエストンとカッツによる「自然への畏敬と尊厳」についての議論展開

自然への畏敬(Reverence to Nature)と自然の尊厳(Natural Dignity)は、自然の「内在的価値」の重要な要素となるかという点を踏まえて、主に EP におけるウエストンとカッツの議論展開を見ていく。「環境の価値」について考えると、手段と目的の区別を立てなければならないし、自然にはいくつかの人間の精神に訴える特徴があり、それは、レクリエーションや美的な満足、「生態系の安定」にみられる価値、自然の事物や生命体の持つ特徴等である、とウエストンはいう。しかし、そうした特徴を打ち出す際に私たちは、自然に対して「それ自体のため」ではなく、その先にある自然の存在からもっと進んだ目的のために価値を与えている、とウエストンは考えている。彼によれば、それが私たちにとって必要であり、役に立ち満足感を与えてくれるものであるということであり、美的な価値の評価は、自然それ自体として評価しているわけではない、ということである。このことは、美的な経験に内在的価値が認められるということだけかもしれないし、美は観照するものの精神に宿り、美的な対象はその手段に過ぎない、ということである。

そして、自然はそれ自身として価値があるか、自然は内在的価値を持つか、という問いがある。つまり、人間の目的に役立つということをなくして価値を持つであろうか、ということである。この問いは、環境倫理学における議論の基本的な枠組みとなっている。この内在的価値を持つとされる存在を拡大して、生物全体ではなく、感覚を持つ存在や生を持つ存在に広げたとすれば、広くは「生命中心主義」と呼ばれる。更に広げて、すべての自然が内在的価値を持ち、単なる手段として扱われないとしたら、私たちは「普遍主義」と呼ぶことになる。このように、内在的価値を持つ存在を人間に限定する立場から、その権限を最終的には普遍的な立場まで広げていくという、自然に対する倫理的関係は連続性があるのだ。

結局ウエストンは、どの立場も認められず、様々な議論の幅が示されただけであり、このような枠組みこそ罪あるものであり、内在的価値という観念による狭い枠に押し込められていると考えている。そして、自然は我々にとって必要であり、有効であり、あるいは充足感を与えてくれるものとして、ウエストンは捉えている。このように、自然には魅力があり、価値があると決めつけて、その価値に閉じこもるのではなく、経験や努力を通して、自然の価値を学ぶべきだというのが、ウエストンの考えであり、あたかも自然そのものに価値があると決めてしまうことを批判しているのである。(EP, pp.286-287)

ウエストンによれば、森の中にいると、私たちは感謝の気持ちや「畏敬」の感覚、侵入しているような感覚を覚えるとしている。その感覚というのは、他の人々に対して、その人達に権利を与えたいと思わせるような気持ちであり、それと同時に、他の人々に対する心的な反応と近い関係にあるのだが、この感情がどれほど近い関係にあるかは、答えが出ていない、という。ここで必要なのは、「注意深い現象学」の試みであり、このことは、「自然に権利を与えたくなるような感覚」との表現が人間の権利にさえ当てはまると言えるかもしれない、としている。ウエストンは、他人に対する真の敬意は、具体的な経験と他の人に対する「畏怖」の気持ちを通じてのみ生じるとして、本当に理解する必要があるのは、このような感情の条件と本質だとしている。またウエストンによれば、普段の演繹的な推論を正反対の方向に向け直せば、権利をめぐる語りでさえ、まさに現象学に向けた手始めの試みとみなせるだろう。それは、より上手いやり方だ、と評している。

それではここで、「環境倫理学」における実践問題の段階に還ることによって、環境プラグマティズムとしての考えを示さなければならない。従来の環境倫理学では、原生自然に「内在的価値」があるとみなすべきだとしていた。そこでウエストンは、なぜ原生自然に価値を認めるべきか、開発可能な土地等の資源を自然のままに守るのにどのような正当化ができるか、という問いを立てている。これらの問いに対して、如何なる状況からも抽象化されて立てられていることに注意が必要であり、それ自体で馬鹿げた議論を生み出す可能性がある。ウエストンは、その問いに答えて、原生自然は内在的価値を持っていると主張すると、私たちは可能な限りその多くを、他の内在的価値と矛盾しない限り可能であればどんなものでも支持すべく進めるように求められる、と述べている。

このことについてウエストンは、特定の状況において、重要性の高い多くのものは、内在的価値の階層図式(hierarchy diagram)では捉えきれないだろうし、他の抜け道がどんなものでも正当化できるほどに広い一般性を持った内在的な原則を持ち出す道があるが、その強く推している対処法として、こうした問題の立て方を捨て去ることとしている。そしてウエストンは、プラグマティズムにとって重要な問題は、特定の状況で投げかけられる問いであるとみなし、其々の異なった状況に一貫した解答があれば、そこには強い類似性があり、その答えは常に同一のものとはならないとしている。

そしてウエストンは、環境プラグマティズムについての重要な疑問は、特定の状況によって提示された疑問で、それらは必ずしも同じでなく、その例として EP の中で、米国のアラスカ国立公園をなぜ保護しなければならないか、という問いに対しての答えが、新しい公園は自然状態が残されていて壊れやすいことを挙げている。このことについてウエストンは、保護に反対する非ー保存主義者の圧力がエネルギー資源の開発と結びついているが、これに対しての代替案はいくらでもあり、これらの地区の保護が可能であるとの理由により、もとの問いを回避しているように見えるが、なぜ原生自然を保護されるべきかが語られていないという。筆者もこの点については、同じ疑問を持つのである。

しかし、原生自然そのものが保護されるべきかどうかに疑問を持つと、その人は人間中心主義者になるということはなくなり、米国アラスカ州の原生自然の他にはない性質がこの特定事案を重要なものにするのは、このようなわけである、とウエストンはいう。この現実に即した実用的な問題は、米国のシエラクラブやネイチャー・コンサーヴァンシー等のほとんどの環境団体によって持ち出されている種類の議論であるとして、もっと哲学的な良い議論がないために持ち出されたのか、それとも、このような環境団体の方が現実的に理に適った立場にあるのか、とウエストンは問うている。それでは、原生自然など気にもかけない人達に対してはどうなのだろうか。

このような「原生自然」については、少しも構わない人々が存在するのだろうかという疑問に対して、ウエストンは、全く気にかけないというのは当てはまらず、ほとんどの人達が自然の中に何らかの価値を認識しているのではないかと考えている。その反面、原生自然の価値が彼らには、特別な状況で問題の他の価値より重要ではないように思われただけなのかもしれないという。筆者は、人間は「自然」に何らかの価値を認識しているが、手つかずの原生自然に対しての認識と価値観には個人差があると考える。

ここでウエストンは、問題解決となるプラグマティックな手法について、自然の価値が大事ということをどんな人にでも納得させるような、相手を一蹴させるような論法の探求は断念せざるを得ないとした上で、時々見かけるような、自然に一切の価値を認めないという極論者を打ち負かすことはできないという。もしこのことが欠点だとしたら、それはプラグマティストに特有のことではなく、他のどんな手法も一蹴瞬殺の論法など提示できはしないし、もしそれができていたら、そもそも環境倫理学は問題とはならなかった、とウエストンは考えている。これらの真の相違点は、プラグマティストが一蹴して相手を倒すような議論を求めていないところにあり、私たちはもっと別の方法で環境の価値の擁護に取り組むような提案をしている。印象深いのは、自然の「内在的価値」を証明しようとする探求が、常に後付けの議論となっていることである。ウエストンは、もし相手を一蹴して倒すような証明を発見したとしても、そうした証明を求める人にとって、私たちが自然に価値を認める理由にはならないし、私たちの説明は、相互に食い違っていたからだという。

私たちが「自然の価値」を学んだのは、経験や努力、災難や失敗を通してであり、そこに近道があるなどと誰が保証してくれるだろうか? むしろ同時代に生きる人々の多くが理想となる世界について、根本的に異なった和解不可能な見解を持っている。この事実を受け入れることが賢明である、とウエストンは考えている。そしてプラグマティズムは、広く開かれた多様な文化を称賛する。私たちが受け入れなくてはならないのは、その文化には結論がなくどの方向に開かれているか、その文化が私たちに求めているのは、他人の抱く価値や希望に閉塞することなく、自分自身が認める価値を目指して闘わなければならないことだ、とウエストンは結んでいる。（EP, pp.301-303）

筆者は、前述の自然に何の価値も見出さないというような極論者に対して、自然を原生自然に特定せずに、自然への畏敬や尊厳についての捉え方の枠組みを広げて、ライトの言うように、都市環境を含めた人間との関わりを重視した自然への価値観というものへの拡大が必要ではないかと考える。吉永明弘は、「都市と人工物の倫理」において、「都市環境や人工物に囲まれた環境は、今後ますます注目されるべきである。世界人口の半数以上が都市に住んでおり、現代人にとっては自然環境より人工物に囲まれた環境の方が、馴染み深い環境になっている場合が多い」（吉永 2009, p.38）と述べている。

要するに、現代においては、都市や人工物を度外視するならば、現実離れした議論になるということである。人工物の中の歴史や文化に繋がる建造物には、そこに生きた人々の精神的要素も含まれる。確かに原生自然には未知なる動植物等が存在するかもしれないし、価値ある物質が存在するかもしれない。普遍的という観点と、それに対する「畏敬」という観点からの「内在的価値」がないとはいえない。しかし、そこに価値を求めても未知なる神秘性しか残らないということになるだろう。自然に何らかの価値を認識している人々の中で、価値を見出すことができないのは、自然という概念を捉えることができない一部の存在である。それは、感性としてなのか、必要性を感じないのかは分からないが、人間には自然の存在は必要であり、自らが自然の一部だと考えると、我々の生活や行動が自然に影響を与えて、環境問題として人類に還ってくるという事実は認識されなければならないと、筆者は考える。

この自然に影響を与えるということに関しては、自然相互間の関係と自然と人間の関係がある。自然相互間の関係については、「プラグマティズムは、私たちが抱く価値が相互にかかわり合うということを主張の中心に据える。固定された目的、という考えは、諸々の価値がダイナミックに他の価値や信念やら一つ一つの選択などの模範となるものと相互に依存し合っている」(EP, p.285) とされていて、ウエストンは「相互依存」という概念を強調した。ウエストンが言うところの「相互依存」とは、あらゆる価値づけが複雑な内部構造を持った諸々の欲求と関連し合っていることを、多数の他の欲求や信念や選択と相互に繋がり依存し合っている欲求と関っていることを認識しなければならないということである。

それに関連してウエストンは、「正当化」という作業は、様々な相互依存のあり方を頼りにしているとして、私たちがある価値を正当化する際には、それが他の諸価値についてどのような支援的な役割を果たしているか、逆にその他の価値の方は既に正当化しようとしている当の価値を支援する役割を果たしている、としている。また私たちは価値を自然なものにする信念を演じることで価値の正当化を行うのだが、その信念がもとの正当化される側の価値を私たちの生活と結びつけるような日々の選択やモデルを再認識することで自然なものとなる。このように相互依存した価値は批判に対して閉ざされておらず、最も効果的な批判を可能にするのは、このような種類の相互依存である(EP, pp.296-297)、とウエストンはいう。

このように「相互依存」という概念は、自然の関係性そのものが「依存によって調和がとれている」ということである。つまり、一見調和しているように見えるのもお互いが依存することによって成立しているというのが「相互依存」の概念である。

筆者は、人間同士の依存関係と自然相互間の依存関係は当然違うと考える。人間同士には「意思」の働きがあり、人間と自然の関係においては、人間の意思の働きが強く、自然は依存される存在となる可能性がある。そこには「畏敬」や「尊厳」という人間の働きが重要になる。それがなされてこそ人間と自然は「調和」することができる。人間同士の相互依存というのは、お互いを頼りにするということであるが、人間相互間には当てはまるとしても、人間と自然の関係においては「依存関係」だけとはいえず、「調和」という概念が必要である。調和とは、上手くつり合い全体が整うこととされている。そうするといくつかのものが、矛盾なく互いにほどよく結びつくのであれば、「相互調和」という概念が成り立つのではないだろうか。自然相互間の関係については、先述のように「相互依存」関係が成り立つと考える。それには、生態系全体の「生命の源泉」においての「調和」が必要ではないだろうか。「相互調和」と「相互依存」は似ているようではあるが、それは違う概念である。そうすると自然間においても、人間と自然の関係においても「相互調和」という概念で結ばれているということも考えられるのではないだろうか。ここまで、ウエストンの主張を取り上げたが、次にそれに対するカッツの主張を取り上げる。

カッツは、ウエストンによればとした上で、人間は自然体験を欲していて、自然体験によって目覚める「感情」に焦点を当てている。そして、自然の経験はプラグマティックな環境倫理の基礎となる。しかしこれは危うい不安定な基礎となる。個々人の生活を成立させている、相互に関連し合う諸々の欲求、価値、経験等の網の目は、すべての人間の共通のものではない。すなわち、合理的交渉を始めるための共通の基盤は存在しないことを意味している。

このウエストンの見解に対してカッツは、原生自然について「全く気がつかない」ことなど存在しないとか、「互いに共通の基盤は残っている」というウエストンの主張は誤っていて、自然の経験など全く気にかけない人もいるという事実をも見誤っているという。

そこでカッツは次のように問う。なぜ人は自然を気にかけているなどと主張しなければならないか。なぜ環境倫理学説がある種の好意的な経験に基づかなければならないか。真実を語るという道徳的義務は、真実を語るという主観的な経験に基づいたものではなく、嘘をつくという経験の忌避にも基づいていないし、嘘をつくことは正当化されない。道徳的義務は、自然に好意的な体験から説得力を得ることはできない。環境倫理は、自然との交流の中で感じられる経験の上で基礎づけられているということは必然的に主観的相対主義に繋がる。つまり自然への畏敬や尊厳、畏怖や驚愕の感情を自然から感じないような人々に対しては、自然を保護しようという適切な理由を持たないだろうと述べている。これは、ウエストンが言うような自然に関する人間の経験についての「注意深い現象学」の必要性といった問題ではなく、実際には自然を肯定的に経験しない人もいる、ということをカッツは強調している。

そしてカッツは、ウエストンも認めている通り、「同時代に生きる多くの人々が、その中でも思慮深い人でさえ理想となる世界について、相互に根本的に異なった和解不可能な見解を持っている」という事実を受け入れた方が賢明だ、としている。しかしそれはプラグマティズムの強さの源泉というより、むしろ主観的相対主義の沼地に自らを引き込んでしまうことになる。つまり個々の主体が有益とする経験なら何でも価値あるものになり、道徳的に成すべき義務となる。このことは、手つかずの自然や生態系を破壊することさえも考えられる。ウエストンは、プラグマティズムが主観的であることを認めている。それは、価値づけの行為を人間という主体のみの活動の一つとしてしまう。カッツは、それを主観－中心主義とは認めていないが、ウエストンが主観主義と主観－中心主義を区別した視点は正しいが、それによってプラグマティズムの批判が軽減されることはない、としている。

カッツは、プラグマティズムが自然環境の価値をどこに置くかといえば、人間が自然と交流する人間存在の経験、つまり人間の主観が抱く欲求と感情に対してとされている。プラグマティックな価値評価は、それが自分自身を超えて外部世界へ向けられているかもしれない。それは、自身との関係や自己の範囲を超えて外部世界と関係を持って交流の中で生じる経験、欲求、感情に価値を認めることに過ぎないと、カッツは考える。そしてカッツによれば、自然世界のプラグマティックな価値は、決定的に人間の経験と結びついている。このような価値は安定した環境倫理の基礎には成り得ない。そこには、様々に異なる人間が、自然世界において様々に異なる対象や経験に価値づけることになるからである。プラグマティズムは価値に関して「粗野な人間中心主義」に基づかないかもしれないが、価値の相対主義の一種を招き入れてしまう。すべての者が自然世界での環境保護主義的に「正しい」経験に、価値を認めるとは限らない、とカッツは考えている。(EP, p.303)

そしてカッツは、この議論の重要なポイントとしては、人間の欲求や利害関心または経験は環境保護する道徳的義務の源泉にはならないということ、人間の欲求や利害関心や経験は、手つかずの自然が継続した自然世界の存在としてただ偶然に関係するに過ぎないということを挙げている。カッツによれば、環境政策が人間的な価値の多元的なあり方に関連した人間の欲求や経験に関する明瞭な解釈に基づいているならば、その価値をはっきりと説明するのは誰なのかが重要になる。一体誰の欲求と経験が道徳的義務の源泉として使われているのか? 環境政策は、政策決定者の「感情」に依存することになる。自然環境は絶えず変化し続ける人間の感情が、一つの環境倫理を確立するうえで確実な信頼のおける「共通の基盤」になるとは思えない、というのがカッツの見解である。

このようにカッツは、環境倫理を確立する過程で人間の経験を使用することへの批判は、プラグマティズムのみに働くものではなく、人間の利害関心に基づくあらゆる環境倫理においても、それは該当するとしている。しかしプラグマティズムの場合に特に悩まれるのは、価値論の非－人間中心主義的な要素の多くが、機能しうる環境倫理に合致しているという点である。このことにおいて、プラグマティズムの議論の効果を台無しにしてしまうのは、人間の利害関心を重要視する点だとしている。更には、人間が自然経験する際の変化を続ける人間の主観的感情に依拠することはできないとの見解を示している。

カッツによれば、環境倫理学の分野全体を調べてみると、絶望に陥る理由がたくさん存在する。つまり、「私たちは残念な状態にある」ということを確信する理由がたくさんある。20 世紀のメタ倫理学の現状を考慮すると、本質的な応用倫理学を正当化しようする試みも、その可能性はなさそうに思える。環境価値の正当化は、必然的に事実と価値を和解させるという問題を呼び起こす。使いものになる環境倫理は、自然システムの操作に関する詳細な科学的情報を組み込まなければならない、とカッツは考える。しかし、科学者と哲学者の間での学際的な対話が上手くいったことはない。最終的に真の環境倫理は、私たちの価値体系の方向を転換して生物個体から種、生態系、そしてコミュニティへと目を向け直さなければならない。そしてこれには、倫理的ビジョンの根本的な変換が必要となる、とカッツは述べている。更にカッツによれば、プラグマティックな価値論が与える人間の「欲求のシステム」という基盤の上に私たちの環境に対する義務を置くことは、「正しい」方法で「自然を経験する」人々の偶然的な感情に環境倫理を引き渡してしまうことになるだろう。道徳的義務を正当化するまさにその方法こそ、環境倫理が発展する中で真の絶望をもたらす誤った処方箋なのである、と結んでいる。(EP, pp.314-317)

ここまでのウエストンとカッツの議論を以下にまとめる。

カッツは、ウエストンの言う「自然への畏敬」に対して、プラグマティックな「環境倫理」の基礎にならないと主張する。なぜなら、「諸個人の欲求や価値や経験の密接な連関」は、すべての人間にとって共通ではないからである。このような「自然への畏敬」といった神秘的な面に対しては、個人の欲求や価値、そして経験はすべての人間に共通していないとして、ウエストンを批判している。ウエストンのいう自然への「畏敬」については、ただ自然への感謝の気持ちの現れだとみなされている。

ただカッツは、自然の「内在的価値」は否定するが、自然の神秘性は認めると別々に捉えているが、これは関連して捉えるべきであり、自然の神秘性は価値を内在しているのではないだろうか。確かに自然への「畏敬」は感じない人もいるということが現実かもしれないが、自然の神秘性は万人が認めるのではないだろうか。この認めるというのはカッツ個人の見解なのだろうか。自然への「畏敬」の全てではないとしても、神秘性というものが一つの源泉となっているのではないかと筆者は考える。

そしてカッツは、自然への畏敬や尊厳や驚きを感じない人間は、自然を保護する理由を持っていないというのはおかしいとすると、こうした価値を安定的な「環境倫理」の基礎を築くことができないという。このことに対しては、理論的には正しいと考えられるが、人間の心理として、感じないものを守ろうと気づくだろうか。価値あるものと認識できるだろうか。ただ、感覚と認識を持つとしたら、その人間自身の生命が脅かされるような自然体験に遭遇した時になるだろう。それでも回避行動を起こしたとしても「畏敬」の念は持たないだろうが、「畏怖」の念は持つ可能性はあるだろう。筆者は、自然への畏敬と尊厳については、自然の「内在的価値」の重要な要素となり得るという見解に至った。以上、ウエストンとカッツによる「自然への畏敬と自然の尊厳」に対する議論展開について述べた。次節では、環境プラグマティストによる神－自然－人間の関係についての議論を取り上げる。

2. 環境プラグマティストの「神－自然－人間の関係」についての議論展開

自然というものの本質を捉えるには、様々な範囲があり、「生命」というものに対しても動物、植物、鉱物等々、様々な捉え方がある。米国の環境倫理学では、自然とは「原生自然」であり、人間とは対立関係にあるとみなされてきた。日本では、「共生」という概念が、自然と人間の関係には存在し、人間は自然の一部とされている。

ウエストンによれば、自然と人間の関係については、如何なる状態が望ましいかという問題があり、「神」との関係についても、そこには宗教的な要素が絡んでいる。保全生物学者のディビッド・エーレンフェルド(Ehrenfeld, David)は、宗教的伝統のみがその役に立つと考える。つまり超越論的観点があってこそ、自然は「過去から続くはかりしれない時の重みと、悠久の歴史的過程、そして荘厳なる遺産の継続が現在の表現として現れた姿に変貌させられる」(EP, p.290)としている。

米国の環境倫理学の起源においては、リン・ホワイトがとなえた「神」はキリスト教の神であった。そしてウエストンは、自然に対するキリスト教の（あるいは、アメリカ人の）態度を見つけようとするのは間違いがたくさんあると指摘している。日本では、神道・神話に登場する神やアニミズムという捉え方がある。「神」についてウエストンは、神は、私たちに土地と海の支配を与えたかもしれないが、彼はまた聖フランシスも与えた。産業革命の向こう見ずの開発に対して、私たちにはロマンティックな詩人や風景描写やルソー、エマーソン、ソローがいる。自然に対する最近のキリスト教徒とユダヤ教の態度に対する広範囲にわたる最近の議論は、このような「根本的不調和」を強調する―としている(EP, p.298)。

自然の「山」という存在に対しては「山岳信仰」というものを持っている人々もいる。いわゆる「山の神」である。ウエストンはEPの中で、環境倫理学者の中には一見生命を持っていない世界にさえにも意識的経験を与えたいと思っている人もいる、として「ポー・クン・イップは、自然の『内在的価値』を証明するために汎神論的な道教を使う。ジェイ・マクダニエルはホワイトヘッドの量子力学の解釈を使う。クリストファー・ストーンは、この惑星全体が意識を持った統合体であるとみなされることを示唆する」といった例を紹介している。そして、自然自体が生きていて、私たちは皆共に「目的の王国」へと入ることができるとして、結局このような極端な思想において内在的価値の一元論は説得力のある環境倫理と両立するだろう(EP, p.289)、とウエストンの神に対する考えを示している。このように、ウエストンは人間の行動を通して神の姿を観ている。それは支配者であったり、救済者として現れたりする。だからといって、人間を「神の子」としては見ていないようである。

それに対して、筆者の「神」の概念はそのような次元の神ではなく、EP の中でのストーンの考えに近い宇宙全体を司るような創造神である。宇宙物理学では、「サムシンググレート」ともいわれる。この神は地球だけに留まらず、大宇宙を一つの「法則」と「真理」で統制している。太陽と地球の距離間隔にもみられるように、絶妙なバランスによって宇宙の空間は保たれている。この絶妙さで生物は生かされている。それは、万物の霊長といわれる「人間」にもコントロールはできない。というより人間は「小宇宙」であり、宇宙の法則によって人体も統制されている。他の生命ある動植物にもその理念が生きている。このような森羅万象の源泉を「神」という存在と考える。本書では自然と人間の関係を主に取り上げてきたが、神の概念も自然と人間の関係を捉えるのに重要な概念である。
人間と自然の調和という考えについては、「欲求」という観念がキー概念となる。ウエストンは、私たちは単純化できない多元的な欲求のシステムを所有しているとして、欲求について、欲求のいくつかは、率直なまでに生物的なものであり、他のいくつかは文化に根差したものであり、もっと個人的なものもある。そして、その多くはこれら三つが混じり合ったものであるという。私たちは絶望的なまでに葛藤する欲求を持つ運命にある(EP, p.295)と結論づけている。また、ウエストンは、欲求が人工的であれ、浅いものであれ、その信念のいくつかは誤っているとして、ノートンに対して、自然に対する搾取的な「感じ取られた選好」は、「考慮された選好」に基づいて批判されると指摘した点については正しい(EP, p.297)と述べて、私たちは単に思慮が足りないと理解している。
ウエストンは、自然の存在からもっと進んだ目的があるからこそ自然は素晴らしいと思うと言ったのだが、進んだ目的、すなわち人間に充足感を与えてくれるという「価値あるもの」とは如何なる存在なのかと問われると、この世界に価値のないものは存在するのだろうかと筆者は問いたい。あらゆる存在はこの世界に偶然にして発生したのではなく、必然性があるのである。そもそも価値があるから存在するのであり、そこには何らかの役割が必ずあり、存在すること自体が価値あるということではないのかと筆者は考える。しかし、自然はそれ自身で「内在的価値」の有無については認識できない。ただ表現するのみである。その価値を認識して、認めるのは人間である。それを認めないという人間も存在する。この認めないという人間も、この生態系システムの中でのそれぞれの役割があるということは、認めざるを得ないと考える。そして、その価値を認めるか認めないかは、その人間に内在する価値観というものが左右する。人間の利便のための「道具的価値」は認めざるを得ないということもある。そうなると非−人間中心主義は成り立たない。筆者は、人間でありながら、全く人間中心主義を否定することはできないと考える。そこで、「弱い人間中心主義」を支持するに至ったのである。

環境倫理学は、環境汚染や自然破壊が社会問題となり、誕生した。自然を破壊して人間の生活道具として利用することが、度を超すと不調和な世界が現れることになる。ウエストンは、「プラグマティズムは、ある種の欲求を価値づける。ただ人間だけが、そのような仕方で要求する」(EP, p.285)という。この人間の欲求をコントロールできないと自然破壊に繋がる。自然の存在を確立することによって、人間の生活が守られる時もある。森林は津波から住民の生命や財産を守る働きをすることと、酸素供給の役割を果たすことが知られている。また、海は毒物を浄化し、動植物は人間のエネルギー源となる。このように、人間は自然の一部と考えると、自然と人間は一体であるといえるのではないだろうか。ウエストンは、自然への「畏敬」と自然の「尊厳」については肯定的であったが、カッツは、自然への畏敬や感謝の気持ちは、人間それぞれに違いがあり、思想や信条においても、人間の価値観は多様であるとの見解であった。このように考えると、人間に内在する価値と自然の「内在的価値」が、別々に存在するのではなく、関連し合って、繋がっているのではないかと筆者は考える。もしそうであれば、自然と人間はお互いを補いながら、調和することが重要だと考える。自然への畏敬や自然の尊厳についても、そして自然の価値に対しても、人類のほとんどが何らかの形で認めているのではないか。少なくとも認める時もあるのではないだろうかと筆者は考える。

次章では、環境倫理学の様々な立場からすると、自然の「内在的価値」の問題に対しても、筆者としては、自然の「内在的価値」をめぐる議論を検討するにあたり、環境倫理学より環境プラグマティズムの方が、この問題を考えるにあたり大きな問題意識があり、環境プラグマティスト達の議論の展開を探ることが必要であるという考えに至った。そこで、環境倫理学から環境プラグマティズムにおける自然の「内在的価値」について取り上げる。そして、第6章のEPでの本格的議論展開に備える。

第5章　自然の「内在的価値」の議論展開　Ⅰ

第5章では、「環境倫理学」における自然の「内在的価値」について、環境倫理学者キャリコットの内在的価値論である、価値の主観主義と客観主義について取り上げる。そして、「環境プラグマティズム」における自然の「内在的価値」をめぐる議論展開へと繋げていく。

1.　環境倫理学から環境プラグマティズムと自然の「内在的価値」について

加藤によれば、異なった度合いの内在的価値を認める上で問題となる論争は、個体主義　(individualism) と全体論　(holism) の論争であり、この論争について「前者については、動物を個体として倫理的に考慮する限りは、環境倫理としては不十分であるとされ、後者については、生態系全体の中では、すべて平等であり、人間も同等であり、全体の一部を成している」(加藤　2005, p.26)、という考えを示している。

環境倫理学の大きな潮流は、人間と自然との二分法である。その二分法における典型的な議論は「自然の価値」(value of nature)についてである。そして自然の「内在的価値」に関しての議論をプラグマティズムの視点から進めるにあたり、従来の「環境倫理学」における「内在的価値」論は、非－人間中心主義の文脈の中で議論されてきたが、「内在的価値」は人間の主観的な基準に基づく価値の反映に過ぎないのかという問いと、環境倫理学の主張である「非－人間中心主義」とは何を意味しているのか－という問いがある。環境プラグマティストたちは、この問いに対して、価値の衝突や価値の判断が必要とされない場面において、自然の価値を語ることは意味がないとして、事物や道徳に関する価値や自然の価値は、どちらも時間・空間の中で経験を通じて文脈に即して創造されるものであり、普遍的な価値などどこにもないとしている。その他、「内在的価値」に対しては、いろいろな見解がある。

そして、環境プラグマティズムは、この自然の価値に関する見解の一致をみるのは難しいとしているが、従来の環境倫理学においては、自然の内に「内在的価値」を認めることを是としてきた。そこには、自然と人間の深い関係が存在している。ただ、自然を守るとしても、「保存」と「保全」のどちらかという問題がある。いわゆる「原生自然」か「里山」かである。そこには、「なぜ、守らなければならないか」という問題もある。

自然の「内在的価値」については、日本国内の「環境倫理学」においても多くの議論が展開されてきた。人間にとっての「自然の価値」について、「里山」の研究者でもある丸山徳次は、里山を「人の手が入った自然」および「文化としての自然」と規定している。環境倫理学は、環境問題の元凶を人間中心主義にあるとみて、その克服に努力してきた。丸山は、環境倫理学は、自然を人間にとって道具的に価値があるとみる態度を批判して、動物の権利を主張して、生命や生態系の全体それ自体の内在的価値を論証してきた（丸山 2011, p.177）という。つまり、「自然の価値」論が環境倫理学の議論の中心を成してしてきたのである。しかし、こうした自然の価値論は哲学専門家内部に閉じた不毛な議論であることが、1990 年代になって批判されるようになった。その批判の先鋒に立ったのは、環境プラグマティズムと環境正義論である。すなわち、道具的価値ばかりに価値があるのではなくて、人間と自然の「関わり」の内に、自然の魅力と人間が見出す多様な価値を含んでいるということである。

そして丸山は、「自然に関わる私たちの倫理的な態度や行為に根拠を与える価値や原理が、たった一つしかないと考える必要があるのか」（丸山 2004, p.25）、という疑問を呈している。ここで丸山の「自然の価値」についての考えを取り上げたのは、その多様な自然の価値における自然の魅力について、自然それ自体の評価は必要としないという考えが、自然には「内在的価値」があるという根拠の一つであるからである。自然の美しさや崇高さはかけがえのないものであり、利害関心を離れて大切にしたいと自然に感じるものである。人間は自然の一部であり、森岡が言う「人間－自然連続体」という概念に繋がると考える。単に、自然はそれ自体が美しいのであり、内在的価値があるかないかに拘る必要はなく、その次元を超えて、私たちは自然の価値を認めているのである。自然には魅力が多くあり、レクリエーションとしての自然との楽しみや、自然の美的観賞をすることによる満足感や、自然界の物体や生命が表現する魅力等がそれにあたる、と筆者は考える。

それではここで、自然の魅力からそれに権利を与えたくなるような感覚に発展することについて、『樹木の当事者適格』の著者であるストーン・Ｃｈ・Ｄ (Christopher Stone)は、倫理は環境にまで権利を拡張しなければならないと考えている。この権利についてフレチェット・S (Kristin Shrader Frechett)は、「自然の法的権利を認めることは、人間の共感と理解の能力を高めるだけでなく、一つの種の成員だけが宇宙の中心であるという誤った考え方から解放されて生きる能力をも発達させるのである」（フレチェット 1993, p.169）と述べている。確かに、人間は自然の一部であると考えられ、そこで共存と共生、そして調和ある関係を構築することが必要である。自然からの無謀な搾取もするべきではない。しかし、人間中心のこの世界は誤ってはいないと筆者は考える。法的権利を認めるのも、訴訟裁判の法廷を開くのも、すべて人間であり人間社会である。ストーンが指摘しているような、白人と黒人、男性と女性の関係を、人間と自然の関係に置き換えて議論するには無理がある。あくまでも、肌の色の違いと言語の違い、そして性差があるとしても、同種の人間同士の関係である。お互いに権利の存在は認めているのが現代の人間社会のあり方である。これを拡張して、自然の権利を認めるというより、自然の存在自体を認めることが人間の利益になることは理解できる。まずは「権利」というより「存在」を認めることから始めなければならない。

フレチェットは、結論として、人間以外の世界の権利を認めるか、それとも認めないかを決定する場合において、「我々は実際のところ、我々の生き方のある特定のメタファーを選んでいるのであって、単に法廷のための倫理を選んでいるのではない」としている。そして、フレチェットは、「我々は自然を支配するのではなく、自然を受け入れることに向かって徐々に歩みつつあることに希望を持つことにしよう」(ibid., p.179) と結んでいる。人間と自然の関係の捉え方と、自然の「内在的価値」についての詳細については、ウエストンとカッツ、そしてライトの本格的議論を第 6 章で取り上げる前に、次に本節と関連して、自然の「内在的価値」について、環境倫理学の第一人者としてのキャリコットの内在的価値論について述べる。

2.　環境倫理学者キャリコット・J・Bの内在的価値論
―価値の主観主義と客観主義について―

キャリコット(Callicott J. Baird 1941－)は、環境倫理とは、「人間の行為が人間以外の様々な自然界の存在や全体としての自然に影響を及ぼす場合に、人間の行為の自由に制限を課すもの」(キャリコット 2009, p.41)、と定義している。環境倫理学では、自然物の価値を何に認めるかという問題が議論されている。そこでは個体主義と全体論が問題とされる。個体主義とは、この世界は個体からなり、それらだけが真実在であって、普遍的なものは第二義的、非本質的なものに過ぎないとする立場をいう。それに対して、全体論とは、全体は一つのもので、要素に還元できない独自の原理を持つとする哲学的立場のことをいう。そして価値の主観主義(subjectivism)と客観主義(objectivism)という一つの論争点がある。すなわち主観主義とは、真理や価値の規準を主観の内にのみ帰して、それらの客観性を認めない立場をいう。客観主義とは、主観から独立して、客観的に妥当する真理・価値・規範の存在を主張する立場をいう。

キャリコットは、「全体論」をとなえる代表的な環境哲学者である。生態系中心主義をとなえて生態系全体を重視する立場であり、この世界は普遍的と考える。したがって、この世界は個体からなり、それらだけが真実在と考える個体主義には至らない。しかし、全体のためなら個々は犠牲にしていいのか、という反論がある。キャリコットは、自然界の「内在的価値の概念」を分析し再解釈してきた。その結果、自然は道具的価値ではなく、内在的価値があると考える立場をとる。すなわち、生態系全体の価値を、他の有益性に基づく「道具的価値」ではなく、生態系それ自身に価値があるという意味で、価値があるという立場をとる。またキャリコットは、「価値の主観主義」の立場をとる。つまり、価値の存在は、それを評価する能力を持った主体もしくは主観を前提にした人間にあると考えられるが、価値はすべての人間にとっての道具的価値とはならない、とキャリコットは考えている。そして彼は、主観主義、すなわち価値づけの規準は人間だということに対して批判は受けたが、その批判を認めてしまうと、内在的価値の客観性というものを失ってしまう。当初から、主観主義で客観性の存在を主張していたが、超越的で客観的な価値が存在するということに反対の哲学者達から注意と批判が強く、議論として認めにくいという点から、キャリコットはそこから離れたのである。

そしてキャリコットは、重要な価値の区別として、「万物の価値はそれを尊ぶ者がいてこそ存在するとしても、その中でも、そのもの自体の価値のゆえに価値あるとされるものと、そのものが我々の利益に資する限りにおいて価値あるとされるものとの区別がある」としている。そして、親子関係を例にとって、「親が自分の子どもを尊ぶのは、その子どもが自分の利益になるからというよりその子自体に価値があるからである」とした上で、お金の価値についても、お金というものは、それ自体の価値ではなく、そのものによって多くのことを実現できるという道具的あるいは間接的価値を持つ(キャリコット 1995, p.73)と述べている。

以上、キャリコットは全体論者であり、生態系全体の価値を、自然には「道具的価値」ではなく、それ自身に価値があるという意味で「内在的価値」があると考える立場である。そしてキャリコットは、生態系概念を基軸においた理論を形成していて、「価値の主観主義」の立場をとる。すなわち、価値の存在は、それを評価する主体もしくは主観を前提にした能力を持った人間にあると考えた。

しかし、価値はすべての人間にとって「道具的価値」になるとは限らないし、価値が人間から生じるとしても、人間中心主義でなければならないとも限らない。このように、キャリコットは、主観と客観の区別そのものの解消に挑戦している。以上が、キャリコットの主な考えである。このように環境倫理学の「内在的価値」肯定派でも微妙な考えの相違がみられる。単純な考えによる肯定派と否定派間の論争などはあり得ないのである。

そもそも環境倫理学、環境プラグマティズム双方の論者達の間には、主張の相違がみられる。ただ無闇に「環境倫理学」対「環境プラグマティズム」の二項対立論争を繰り広げるだけでは解決できるような問題ではないと考える。本節では、キャリコットの「内在的価値」の概念を主にみてきた。それは自然の「内在的価値」の肯定派と否定派の間で交わされた議論であったが、環境倫理学では肯定、環境プラグマティズムでは否定といった二項対立図式の不毛な議論からは抜け出していない感がある。そもそも環境プラグマティズムは環境倫理学での不毛な議論を批判していたのだが、環境プラグマティズムにおいても、二項対立図式に陥りやすい議論が一部みられる。それでは、本章での議論を踏まえて、次章ではEPにおける自然の「内在的価値」をめぐるウエストン、カッツ、ライトを中心に環境プラグマティスト達の本格的な議論展開の詳細について取り上げる。

第 6 章　自然の「内在的価値」の議論展開　Ⅱ
環境プラグマティストのウエストン、カッツ、ライトの議論展開

第 6 章では、EP における米国の環境プラグマティストであるウエストンとカッツ、そしてライトの議論展開を中心に、ノートンやキャリコット等の議論が入るという構成となる。そして、「人間と自然の関係」の捉え方と、環境プラグマティズムの一つの重要な概念である自然の「内在的価値」について、これらの論者の立場と考えを明らかにすることに重きを置く。最初に、自然の「内在的価値」についてのウエストンの主張を取り上げ、その主張に対するカッツの批判と、その間に入ったライトの議論内容について確認する。そして、環境プラグマティズムにおける自然の「内在的価値」の妥当性を探る。

1.　ウエストンの議論

それでは、ここでウエストンの自然の「内在的価値」の概念についての議論を取り上げる。ウエストンは、「内在的価値」という概念をどう取り扱うかが「環境倫理学」の全体問題の中では重要だとは認めているが、「内在的価値」概念自体がプラグマティズム的ではないと考えている。またウエストンは、哲学的プラグマティズムが如何なる人間中心主義にも関与しない価値理論(value theory)を提供すると考えている。そしてまたそれは、(1) 手段－目的概念、あるいは確実な究極目的概念を否定し、(2) 価値づけることを人間の固有の欲求(desire)とみなすという特徴を持つと考えられている。ウエストンによれば、これらの特徴は一見純粋な環境倫理と相容れないように見えるが、しかし逆にそれだけが実行可能な環境倫理を可能

にする、というのである。
そして、ウエストンは、プラグマティズムは主観主義の一形態であるとみており、したがって価値づけることは人間の主観の活動とみなしている。しかし彼は、主観主義は必ずしも人間中心主義的ではなく、主観中心主義でもないと指摘している。それより、プラグマティズムが最も強調するのは、「価値の相互関係性」である。それゆえ私たちには、諸価値を単一の目的に還元する必要はなく、価値の多元性が残される。そして、他の生命形態に対する尊敬や自然環境に関心を持つことが、そうした諸価値の多元性の中にあると考えるだけの十分な理由がある。私たちは、それらの諸価値を基礎づける必要はなく、それらの価値を支えている文脈に位置づけ、諸価値の葛藤に終わりをもたらすことが必要だと、プラグマティストなら言うであろう、としている。
ウエストンは、プラグマティズムの価値論を、非－人間中心主義的、文脈主義、反基礎づけ主義的であり、多元論的であるとみなしているが、こうした反基礎づけ主義、文脈主義の立場に立つことによって、「哲学」の特権性を否定する。そして、諸価値に対する解明は、哲学だけの領域ではなく、詩や文学等も重要であり、環境問題の解決には、哲学よりもこのような分野の方が有効かもしれないとして、プラグマティズムは広く開かれた多様性を持つ文化を祝福するとしている。またウエストンは、一挙にすべてを解決するような議論は不可能だということを強調し、具体的な状況で様々な経験と努力や失敗を通して、他と共に自然の諸価値を学ぶことの重要性を説いている。
またウエストンは、多くの哲学者はどの伝統的な価値の存在論も受け入れないが、他方で、人間の抱く関心は常に何かをする動機を持たせることを期待するので、意識的経験は内在的価値をすんなり認める、という。こうして伝統的な存在論を回避して手近な人間中心的な出発点から理論を組み立てようとする誘惑が生まれる、と評している。その一例として挙げられたノートンは、内在的価値の概念に拘ってそれを捨てきれず、ある種の妥協の産物として「弱い人間中心主義」を持ち出さざるをえない。ノートンは、弱い人間中心主義については、現在起きている人間の欲望だけでなく、自然と調和した生活などの「理想」を許す立場で、熟慮された欲求の様式を具体化したものと捉えている。そしてノートンは、自然に内在的価値を賦与することを避ける。ウエストンは、内在的価値が駄目なのは、その概念を手放さないところにあり、非－人間中心主義的な強い内在的価値を認める人たちは、当然内在的価値を認めることから生じる問題を解消していないし、人間である故に人間中心主義を捨てられない、とみなしている。ノートンがとなえたような「弱い人間中心主義」をとってしまうことで内在的価値をベースにした後退した議論をしていることになり、結局は議論を完結できないというのがウエストンの見立てである。

ウエストンは、最も深い段階では、非－人間中心主義の環境倫理学は、内在的価値という受け継がれた枠組みの中では単純に存在しないかもしれないし、このような環境倫理学はそれ自体では必ずしも従来の考え方に抗っているとはいえないので、環境倫理学は結局不可能であるとして、環境倫理学の限界を示している。こうした自然の「内在的価値」への批判は、環境プラグマティズムにとって、自然の「内在的価値」が普遍的なものではないという主張であり、一元論的な「内在的価値」概念に対する批判である。またウエストンは、それに従えば、価値が網の目のように関連し合う、より全体的な状況の概念を考え、その結果として、ある価値はその価値に隣接している価値に言及することによって正当化されうるという。

このように価値を正当化したり説明したりすることは、その価値が他の価値との関係において本質的にどこに存在するかを明らかにする。こうした正当化は、ただ一つの方向や一つのタイプの価値へさえ進む必要はなく、網の目のイメージによって、ほとんどの価値に多数の「隣接する価値」があることが強調されている。この隣接する価値についてウエストンは、多様な自然間の相互関係においてそれが重要であるという。そしてウエストンは、価値を孤立的にみるのではなく、「価値の相互関係性」を重視している。このことについては、価値をその文脈に結びつけて、価値の可分性ではなく、価値の関係性と相互依存性を主張するような、価値の概念を好むべきである、とも述べている。

ウエストンによれば、全体論的な価値が網の目のように繋がり、価値を正当化するにもすぐに「隣接する」価値を挙げられるような構図を考えるとした上で、価値をこのような全体論的な構図で知覚することは、内在的価値という従来の概念の中心部分を切り取ることになる。そしてまずもって、自己充足は、私たちの価値の中に求めるべきものではないものである。自己充足的な価値には、何にも基礎づけられず他の手段とはならないような独立した理由があり、その概念で人間以外の自然に価値があるということを認めさせようとする、としている。このような考え方は結局、意識的な経験をそれ自体で「完全に孤立した状態で」尊重するということであり、明らかに、その経験が世界の他の何かと関連があるかどうかは重要ではないことになる。

またウエストンは、私たちの伝統がその中に弁証法的な反対要素を含んでいることを示唆して、生物学的な根を持つ欲求でさえも、決して一枚岩のように固く静的なものでもなく、時には批判は単に隠れた要素を引き出すための時間と忍耐を必要としていて、結局、自然の「内在的価値」を否定している。それは、完全排除の立場に近く、ノートンのような「弱い人間中心主義」をある一定程度まで受け入れるという立場には賛同していない。また、従来の環境倫理学者や環境プラグマティストに対しても批判的であり、内在的価値というものが、従来の哲学由来の概念として、環境倫理学の中に取り入れられてしまい、これに引っ掛かってしまって大変な状況になっていることを、ウエストンは憂慮している。

ウエストンによれば、プラグマティックなアプローチの本当の力は、そこで言われていないことの中に、言う必要がないと取り除かれたことの中にある。したがってウエストンのここでの関心は、環境の価値を擁護する新しい議論を絞り出すことではなく、反対に既成の議論が必要もない縛りにかけられ、苦戦しているのを示すことにある。こうした試みは前進へのささやかな一歩となるが、それでも論争を引き寄せると、ウエストンは予期している。そしてウエストンは、環境の価値を擁護できる手持ちの論拠は、大方の環境倫理学者が信じているものより強力になる、としている。

ウエストンは次のように問う。自然の経験が自然への敬意や関心を呼び起こすことを私たちは知っている。またこうした感情が幾人かの人生において強い欲求として変化することも知っている。自然に還ることがどれほど重要なことだろうか? と。そしてミューアやソロー、レオポルド等の生涯をそのような模範例として挙げている。これらの感情は、環境の価値をプラグマティックに擁護するための重要な出発点となる。それは、哲学者が見つけられない内在的価値に対する弱い人間中心主義の代替案ではない。そしてそれは哲学的な「基礎づけ」を一切必要としない。私たちの前に現れる問題は、違った種類のものである。結局、環境の価値を私たちが抱く他の価値に集めさせようとする場所に出発点を置く必要はなく、私たちが抱く敬意や関心は、環境に対する敬意や関心とは全く出所を異にするかもしれない、とウエストンは述べている。

ウエストンの結論としては、環境プラグマティストは圧倒的な議論を捜していないということであり、他の方法で「環境の価値」を擁護することに関心を持つことを提案している。その方法としてウエストンは、プラグマティズムとは、広く開かれた様々な文化を褒めて世の中に知らせることであり、他の人の価値や願いに閉じた状態になることなしに私たち自身の価値を獲得しようともがかなければならない要求だとしている。以上が、ウエストンの主な自然の「内在的価値」に関する主張である。(EP, pp.285-303)

2.　カッツの議論

ウエストンの主張に対するカッツの議論をみていく。カッツは、従来の「環境倫理学」を批判するウエストンに対して反論を展開した。カッツの議論は、EP の中では唯一プラグマティストのアプローチに対して批判的である。特に、ウエストンの「環境倫理学」への批判に対してそれは顕著である。カッツは、ウエストンの主張の多くは力強いものであると、ある程度は認めている。例えば、内在的価値の必要性に基づいて論じても道徳的価値の論理を正当化するのはほぼ不可能であるという主張や、我々が成すべきことは、プラグマティックな価値の概念に目を向け、環境倫理の発展にそれを適用し、それによって、既存の価値理論の二元性、つまり手段／目的

と内在的／道具的といったものを排除するという主張、そして、
我々は環境倫理の原理が相互関係のある複数の価値を持つ全体(網の目)の一部であることを発見する、というような主張がそれである。

そしてカッツは、自然の「内在的価値」はそれほど重要なポイントではないとして、ウエストンが指摘する懸念の多くを共有してはいるが、環境倫理学の「お粗末な状況」に対してウエストンが提案する解決策は、受け入れるにはほど遠いと考える。なぜなら、プラグマティックな価値理論と倫理は、救いがたいほど人間中心的で主観的な環境倫理を構築するからであり、人間の欲求と利害に密接に関わっているプラグマティズムの価値に究極的な基礎を置くことはできない、とカッツは考えているからである。そもそも「環境倫理学」の誕生の意義は、人間の欲求と利害に関わる地球環境問題の克服であったのだが、その点においては、環境プラグマティズムも同じであり、環境倫理学における内在的価値の概念の重要性は、果たして自然環境に関するあらゆる倫理的義務を左右する根拠となるのかと、カッツ自身も問うている。

カッツによれば、ウエストンは環境哲学者が自然的存在者の価値を正当化する試みが絶望と無益の実態を表現しており、人間以外の自然的存在者の内在的価値において、もっともらしい評価や正当性を与えられる人間はいないと考えている。そして、この絶望的な失敗によってウエストンは、環境倫理が「非常にお粗末な状態」にあるという結論へ至っている、としている。しかしカッツは、環境倫理が直面している問題は内在的価値の正当性を試みた結果である、と考えることがそもそも正しくないと主張する。ウエストンは、この概念の重要性を過度に強調しすぎていて、内在的価値は、環境倫理学の基礎として追求されないし、その説明も環境政策を正当化す

るために求められているのではない。だから、それを明確に表現できないことのせいで環境倫理学が失敗したというわけではない、というのがカッツの見解である。

カッツは以下のように主張している。環境倫理のための主要な根拠は最初のうちは道具的であるが、すべての道具的価値を環境倫理学者が容認しているわけではない。環境倫理の主な目標は、人間中心的な目標ばかりでは、環境政策を正当化できないということを証明するところに存在し、自然物の内在的価値は道具的価値の適用範囲を制限したり精密に定めたりするのに使えるというのである。環境政策のための非－人間中心主義的な根拠を裏づけるための基本目標は、人間以外の内在的価値の存在に支えられていて、必ずしも人間の目的、欲求、利益だけが、想定できる行動の正当性を裏づけるものではない。人間以外の内在的価値の概念を支えるこの作用は、環境倫理学説の中心的、または主要な根拠となるにはほど遠く、環境倫理学は、適切な道具的価値を解明するために、この内在的価値を用いているに過ぎない、としている。カッツは、このように環境倫理学の実質的な内容ではなく、その方法論についての主張をしている。

このようにカッツの目的は、内在的および道具的価値の概念的構造に関して、何か特定の視点を支持することではなく、キャリコットやウエストンが試みてきたような、「内在的」と「道具的」の分類を解消しようとは思ってはいない。その主張は形式的で方法論的であり、環境倫理学における「内在的価値」の概念の使用法に関することだと言っている。また、ウエストンは、内在的価値の探求は環境倫理の主要な焦点だと考えているが、ウエストンのその考えは誤りであり、自然界の内在的価値の探求は、自然界の内在的価値の明確な表現に基づく環境倫理に関するどんな論拠にとっても、究極的な領域になり得ない、とカッツは考えている。

そして、カッツは、環境倫理の源泉としての内在的価値という概念について、二つの基本的な理由で失敗をしていると説明する。その一つは、システム全体ではなく、個々の存在が価値の担い手であることを暗示していることである。そしてもう一つは、直観や合理性といった人間中心の価値に焦点を当てる傾向にあることだ、という。

カッツによれば、ウエストンのいう価値を重視したプラグマティックな転換への要求は、特殊で個体主義の環境哲学者的な誤った方向に向けられることを意味している。しかし、それによってウエストンの見解の多くが無効になるわけではなく、環境倫理学に適応されるプラグマティックな価値概念の中には多くの真実も存在するので、ここでは単に用語上の論争だけを扱うことになる。そして環境倫理学が、ウエストンが考える自然的存在者の内在的価値に関わっているのではなく、環境倫理学が環境保護の道具的価値と主に関連しているということを我々が一旦認識すれば、道徳理論に関する数多くのプラグマティックな要素が作用し始める、とカッツは言う。このようにカッツは、この用語上の泥沼が解決すれば、ウエストン流のプラグマティックな価値理論は道具的－全体論的な環境倫理学の優性形態と非常に首尾一貫してくる、と考えている。

そこで、ウエストンのプラグマティストにとっての価値は多元的である点を強調している。自然世界の中には数多くの価値を見つけることができ、これらの価値は、様々な方法で、私たちが抱く他の価値や利益や欲求と相互に作用し合っていると主張するが、カッツによれば、適切な環境倫理はこれを否定しないし、全体論的な生態系では多様性の中には様々な種類の価値が存在し、これらすべてが環境保護の議論に役立って貢献している、と主張している。その意味では、(ウエストンがそう考えたように)たった一つの抽象的な内在的価値が、環境保護を正当化したいと願う哲学者達によって求められているのではない、としてカッツは、自然生態系における多くの実用的価値は、哲学者や環境自然科学者によって明瞭に解釈されており、これは、生態学システムの素晴らしい機能性に寄与している、と考えている。

そしてカッツは、プラグマティックな価値の主要な要素のいくつかが、ある種の環境倫理の理論に上手く適合するとしているにもかかわらず、環境倫理学はウエストンの考えるようにプラグマティズムへの転換を必要としないとしている。というのは、環境倫理の最も適切で正当化できる形態は、既に多くのプラグマティックな要素を使用しているからである。そしてこれまでカッツが異論をとなえてきたのは、「内在的価値」へのウエストンの批判が、環境倫理学の方法論の歪んだイメージ、すなわち形式張った議論好きの構造を用いているということに向けられているに過ぎない。カッツは、その構造を一旦取り払えば、適切な環境倫理とプラグマティックな倫理との類似点を見て取ることができるようになるという。

結論としてカッツは、環境倫理学には、プラグマティズムそれ自体を組み込むことはできない。プラグマティズムと環境倫理学は、類似的な関係を持っていて対立を緩和する効果があるにもかかわらず、価値決定における人間の利害関心の役割をめぐって、この二つは分離されなければならない。そしてカッツは、自然世界の内在的価値の問題は解答を必要としない問題であると考えている。しかし、自然の本質を求めるために内在的価値の概念を研究することが絶望の原因だというわけではなく、この概念は環境に対する義務のすべての基礎にはならないとしている。そして、人間中心的な道具主義を制限するのに役立つものとして、内在的価値の存在は認知される必要がある。しかしこの価値は、すべての義務の基礎ではないため、完全に説明され尽くしたり正当化されたりする必要はない。内在的価値は、環境倫理の形成において、極小さな役割を担うだけであり、それは人間中心的な道具的価値にばかり依存するのを制限する上で役立つとカッツは考えている。最終的にカッツは、たとえその価値の解釈が曖昧なままでも、何らかのある種の非－人間中心の価値が存在することを知るだけで十分であり、明確なことは、人間中心的なプラグマティズムが提案する解答を、我々は受け入れることができないということである、と結論づけている(EP, pp.307-317)。

3. ウエストンとカッツの主張のまとめ

ここまで両者の主張を見てきたのだが、自然の「内在的価値」は、まさに環境プラグマティズムの中心概念である。両者共に「内在的価値」の概念追求の必要性を認め、前向きにこの問題に取り組もうとする姿勢だけは窺える。しかし、ウエストンは、自然の「内在的価値」を理論的に証明するのは不可能である—と考え、他の方法で環境の価値を擁護することに関心を持つことを提案している。他方カッツは、自然的実体を求めるために「内在的価値」の概念を追求するのだが、この「内在的価値」の存在は認められる必要はあるが、自然世界の内在的価値の問題は、人間中心のプラグマティズムが提案するような解答を必要としない、という見解に至った。要するに、ウエストンとカッツは、共に自然の「内在的価値」の基礎づけに関しては否定的であるが、他方で、その概念が一定程度必要であることを認めている。要するに、カッツの言うように「内在的価値」の問題というのは、究極的な解答を必要としない問題なのである。

それでは、ここまでのウエストンとカッツの主張をまとめよう。ウエストンは、自然の「内在的価値」の否定と、自然世界における多元な価値の存在を認めるという立場である。また、ウエストンにとって大切なのは、我々の経験と努力を通じて、「自然の価値」を学ぶことの重要性である。それは、私たちが新しい自然の価値を創造するように導いてくれるという。このように、私たちの経験や努力が、日常を越える契機となるような指摘が、環境プラグマティズムの主張する多元論にとっても重要な意味を持つことになる。結局、ウエストンは、環境倫理学で主張された人間以外の立場の「内在的価値」については、どの立場も立証はされておらず、人間以外の自然的存在者の内在的価値に対して、もっともな評価や正当性を与えられる人間などいないという見解に至った。ウエストンは、この見解について、「内在的価値」を持つ存在のあり方によるとして、環境倫理学から受け継がれた「内在的価値」という枠組みは存在せず、そのような概念に基づく「環境倫理学」は不可能だとの結論に至った。

また、カッツは、自然の「内在的価値」の実質的な内容を否定して、「方法論」を主張する立場である。その主張は型通りで方法論的であり、「内在的価値」の概念の使用法に関することである。個人の欲求や価値や経験は、すべての人間にとって共通ではないので、自然の「内在的価値」はそれに制限を加えるものであり、「内在的価値」は、(個人的な欲求や価値などのような) 偶然的なものに頼らないとしている。カッツは、ウエストンが、「内在的価値」の概念が持つ目的を誤認してしまったと主張し、「内在的価値」への探求が「環境倫理」の主要な焦点だと考えていることに対して批判的立場をとる。

結論としてカッツは、環境倫理学にプラグマティズムは組み込めず、プラグマティズムと環境倫理学は類似性を持っているが、価値決定においてこの二つは分離されなければならない、と考えている。以上が、ウエストンとカッツの自然の「内在的価値」についての議論のまとめである。

4. ウエストンとカッツの批判による論争の展開

ウエストンによれば、「カッツは私の論文に応えて、その批判を認めた上で、内在的価値という概念の『マッピング』機能の役割について語ることで、ある程度は同じ方向性を示している」ように思える、としている。しかし、カッツはプラグマティズムが容認しがたいほど人間中心であると拒否している。そして、「内在的価値」の概念が非－人間中心主義的な環境倫理学の中心的な概念である、というウエストンの主張に対して、ウエストンが言うほど中心とはならないし間違っている(EP, p.319)、とカッツは言う。しかし、ウエストンはそれが正しいのか、を更に問うている。

最近の環境倫理学における「内在的価値の探求」に関しては、「内在的価値」の概念が、人間中心主義か非－人間中心主義のどちらが中心で正しいかといった議論ではなく、カッツが重きを置く論者の一人であるキャリコットは、「内在的価値、量子論、及び環境倫理学」"Intrinsic Value, Quantum Theory, and Environmental Ethics,"(1985)の冒頭で、「環境倫理学において中心的かつ最も難解な問題は、人間以外の自然的存在および自然全体に対する内在的価値の適切な理論を構築することである」と主張している。

キャリコットは、この論文で、「非人間的存在や自然全体に対する古典的な内在的価値論が、量子論によって覆された古典的デカルト的な主観・客観分離の有効性を前提としているため、現代科学の世界観と矛盾することを明らかにする」(キャリコット 1985, p.257) という。科学や形而上学は、自我そのものの基礎はこの並外れた哲学的努力において再考されることになるが、内在的価値概念の中心にあることは当然のことと受け止められている、というのである。ウエストンもそのように考えているようだが、カッツは、これは明らかに重要性が低いこと (EP, p.320) と考えている。

カッツにとっては、彼の論文「生物個体、生物共同体、代替問題」"Organism, Community, and the 'Substitution Problem'," (1985)において、この論文の目的は、自然界のシステムに関する二つの基本的な全体論モデル、すなわち生物と共同体について検討し、環境倫理の形成におけるそれらの意識を明らかにすることを目的とするとしている。以下、カッツは次のように述べている。

> 自然界の存在を「生物個体」の一部として扱うことによって、個々の生命体の「内在的価値」を下げてしまう。なぜなら、生物における環境倫理に関連する唯一の道徳的基準は、個々の生命体の存在が自然界のシステムに対して持つ道具的価値だからである。この倫理観では、「代替問題」、つまり生態系のある存在を別の存在に置き換えることが、生態系全体の機能を損なわない、という条件付きで認められている。このように共同体モデルの環境倫理は、代替問題を回避することができる。(中略) 実際に機能する環境倫理を構築するためには、生態学的かつ倫理的に健全な

自然環境モデルが必要である(Katz 1985, pp.241-242)。

この論文の中でカッツは、更に哲学者や意思決定者が使用するこのようなモデルは、生態系システムに関する現在の科学的理論と両立するものでなければならない。そしてこのモデルは、環境政策に関する基本的な倫理的前提に合致している必要がある。カッツは環境倫理をメタ倫理的に正当化することに直接関心があるわけではなく、そのような正当化を提示しようとも思っておらず、自分が関心を持つのは、環境倫理の実際の実践的運用である、と述べている。

ウエストンによれば、こうしてカッツは内在的価値の概念が、環境の価値のために適切な形の全体論を選択する上で役立っているのであり、これがカッツの言う「マッピング」の役割である、としている。明らかにカッツは、自然社会自体の価値を擁護するための内在的価値についてアピールする必要はない、と考えている。しかし、全体論者の中にはこれに同意しない者もいる。キャリコットは、「生物個体を超えた超生命体」の内在的価値について訴えている。恐らくカッツは、キャリコットをカッツ流に読み取っており、環境倫理学において内在的価値の概念は重要性を徐々に薄めていくというカッツの考えは正しいかもしれない。しかし、内在的価値がまだ重要だとする非一全体論者の意見を排除するような仕方で、環境倫理学を定義づける権利はカッツにはないだろうし、カッツ的な全体論の擁護者であれば内在的価値の概念をそれほど重視する必要はないが、自然の価値に関心を寄せる多くの哲学者の中にはそれを重視する者もおり、恣意的判断で彼らを排除していては何の成果も生まれない、とウエストンは考えている。

カッツの厳しい批判は、ウエストンが内在的価値批判から引き出したプラグマティズムの代替概念に向けられている。カッツは、繰り返し「主観的相対主義」の「沼地」に言及する。ウエストンの意見で「個々の主体が自分自身に有益だと思える経験は何でも価値があるものになり、道徳的義務を負うものとなる」とあるが、プラグマティズムにとっては、環境方針は政策制定の際の意思決定者の感じ方に左右される。ウエストンは、一方で、この「感じ方」という見解は、全くの固定観念であり単純化されたものである。正当な主観主義であるならば、どれも主張しているのは、私たちの主観性が体系的に構築され、持続的で安定した価値観や責任感等で構成されていて、政策意思決定者は当然それを訴えており、訴えるべきなのであるという。

更にウエストンによれば、カッツは、「沼地」に対して不公正であり、この点については予想以上に深刻な問題である。「沼地」は非常に複雑で創造的な生態系(エバーグレーズ湿原)であり、我々が十分に注意してその威力に敬意をはらい、そして適切に装備を整えていれば、問題なくあちこちを歩きまわれる場所である、としている。ウエストンは、倫理的にある種の「沼地」の中にあるとすれば、それはそんなに悲運なことか、カッツはどのような生態系を好むのだろうか、と述べている。

また、「沼地」では固定的で安定した足場は確保できない。カッツが心配するのはその点である。それと同様にカッツは、プラグマティズムは我々の実際の価値観をあらゆる複雑さと多様性の中でそのままの姿で頼りとしているのである。自然の中には、違った対象や経験に価値が与えられる。そしてそれは、環境倫理を確立するための信頼性のある「共通点」ではないと、カッツは考える。もし人間が倫理学を思考することや感じたりすることから離れて、本当の真理を生み出す企ての一つと考えるならば、プラグマティズムは最初から敗北主義に見えるだろう。しかしプラグマティズムはこの意味での「倫理的真理」が首尾一貫した論理とは認めておらず、どれだけの環境哲学者が認めているかは不明である、とウエストンは考えている。

そこでウエストンは、我々の実際の状況はある種の「難局」であり、プラグマティズムがそれに対処しようという事実は、反論しようもなく、ただ実在論(realism)を反映しているのみだ、と考えている。自然の価値については、人々の間で大きく意見が異なり、私たちの共通点は社会全体を通じて均等であるというよりは断片的である。しかし私たちは多くのためにすべきことがあり、より多くの共通点を築こうとすることはできる。またウエストンは、「我々の価値体系の中で不協和音と呼ぶ部分を利用して、支配的な部分に疑問を投げかけることもできる」と考えている。

そしてウエストンは実例を引いて、私たちは、多くの異なる視点を均一化することに拘るのではなく、それらを統合するような代替となる方策を考え出すことができる。例えばノートンは、保全―保存論争の歴史に目を向けて、人間中心主義と非－人間中心主義の区別に力点を置きすぎた哲学者たちによって、その議論に誤った解釈がされてきたとみている。ノートンは、その議論を消費型の価値と非－消費型の価値との対立として捉えている。ここで問題となっているのは、「商業的」な動機が支配する適切な範囲である、ということである。そして「生態系の安定と健康との異なる基準」の間の葛藤として考えた方が、もっと豊かなものになる。これこそが「沼地」である。この世界は政治と生態学をめぐる議論が闘わされる世界であり、その重要な論点は経験的な疑問点に依り、その答えははっきりとしない。しかし、それはカッツが事実上、我々を再度呼び込もうとしている倫理学上の基礎づけ主義者の議論より、興味深く将来性があるように思われると、ウエストンは言う。倫理学上の確かさという旧来の世界に思いを馳せるよりも、代わりに湿地用の装備を纏い、足を踏み入れよう、と述べてウエストンの主張は終わっている。

そこでカッツは、「ウエストンと私は、環境倫理の基礎としての自然物の内在的価値という概念を次第になくすことが重要であるという点では一致している。しかし私たちは、自然の『内在的価値』にかわる代替概念については一致をみない」という。この中心的な問題での不一致に加え、「基礎」(foundations)という言葉の解釈と重要性と使い方でも両者は異なっている。どの点が異なっているかというと、ウエストンは環境に関する人間の価値観を、その「可能性と相乗効果」と共に信頼しているが、カッツはそうではない、ということである。

キャリコットについてカッツは、1985年までの論文を見る限りでは、彼が基礎づけ主義者であるとみなしている。キャリコットは自身の考えを移行しており、ウエストンが引用した「量子論」がその転換点となっている。更にカッツは、キャリコットは環境倫理の基盤としての非ー人間的な自然の「内在的価値」を追い求めてなどいないという。自我と主観ー客観の区別、量子論をめぐるキャリコットの哲学的な取り組みは内在的価値の概念を擁護することを目的としておらず、むしろそれを乗り越えて、内在的価値の概念が役に立たず必要ないことを示そうとしているという。それでは、カッツは基礎づけ主義者かと問われると、カッツ自身はウエストンと同じく、そうであるとも言えるし、そうでないとも言えるし、彼らは共に、環境に配慮する価値とそうでない価値が競い合う「沼地」に入ろうとしており、そこで共通点を築き始めている。この取り組みには「基礎」が必要である。それは倫理的絶対主義の不動の基礎ではなく、環境をめぐる一貫した環境政策のための確かな基礎であるという。このような「主観的相対主義」の「沼地」に関する警告は、倫理学上の確かさという旧来の世界に思いを馳せることではない。それは、自然の実用的な有益性についての人間中心的な感情よりも、もっと確固とした足場を求めるものであり、基盤というものにはそれだけの価値がある。そしてそれは、絶対的である必要はない、とカッツは考えている。(EP, pp.320-323)

以上が、両者の主張のまとめである。ここまでウエストン・カッツ論争を見てきたが、果たしてこの議論の行方はどのような展開を迎えるのだろうか。もともとのウエストンとカッツによる議論の交換は、『環境倫理学』(1979)の中で、最初の環境プラグマティズムの詳細な議論として注目を浴びることとなった。次に、ウエストン－カッツ論争へのライトの主張を取り上げる。

5. ライトのウエストン－カッツ論争への主張

そこでライトは、ここまで見てきたウエストンとカッツの論争について、環境哲学の分野で最初の環境プラグマティズムに関する疑問への直接的な進出例であり、これは手段としての価値があり、この論争により環境プラグマティズムに纏わる主張が、どのようにこの分野全体の成長部分として現れたかを示していると述べている。ライトは、ウエストンとカッツの真の違いを緩和するつもりもなく、両者のやりとりが読み取れるように新しく文脈を提供すると言い、この論争における「内在的価値」の果たす役割への疑問を呈している。そしてライトは自身を、この論争の仲裁・調整役ではないとした上で、カッツがとなえる環境倫理学は、既に十分プラグマティックであるという提案を熟考し、今日の更に成熟した環境プラグマティズムの中にこの二人の論者を置いてみるとして、環境プラグマティズムの中に位置づけることで、環境プラグマティズムの新たな像を描き出す。その上で、ウエストンとカッツが取り上げた問題の一つである「内在的価値」は、現代の環境倫理学の中でどの程度まで中心的要素となるか、あるいはならないかということが問題となる。

ライトは、それに対してこの疑問は大して重要ではないとしている。しかしライトの主張の力点は、このことが、文字通り重要ではないということではなく、内在的価値に関する論争に依拠する必要はないということである。そして、ウエストンがカッツへの返答の中で、内在的価値は次第に流行らなくなると言ったことは、暗に内在的価値に関する論争が無駄であることを認めたことになる、とライトは考える。

そこでライトが注目するのは、ウエストンもカッツも環境哲学における内在的価値の重要性の喪失を、プラグマティズム的転回への説得力を弱める根拠としては捉えていないということである。そして、ウエストンが回答の中で重要なこととして指摘しているのは、全体論者にとって内在的価値は必要なくなりつつあるが、リーガンやテイラーのような個体主義者たちにとってはそうではなく、非一人間中心主義を価値のないものと簡単に見限る理由はない、とライトは考えている。そしてライトは、このことはウエストンの論争の前半の回答の中で一番重要なコメントであり、残念なことにカッツはこれに対して返事をしていない、と指摘する。なぜならば、ライトの言う「残念」というのは、個体主義者に対する環境哲学の偏見について注目すべきものだからである。カッツらはそれを問題視しておらず、ライトはこの見過ごしの重大さについて言及している。

要するにライトは、キャリコットの「内在的価値」への関与についての論争は重要ではないとした上で、真の標的は内在的価値ではなく、常に環境倫理学における道徳的一元論であるべきだったという。この論争の当事者であるウエストン、カッツによって言及されているキャリコットやリーガン等の論者たちは、すべて道徳的一元論者である。この一元論は環境倫理学の分野において発展を遂げてきた。ノートンが EP の中で論じているように、環境哲学が多元論とプラグマティズムの立場を受け入れる際に大きな障害となってきたこと、その中でもキャリコットは自前の量子力学によってそれを克服しようとしているが、彼の立場の基礎となっているのは、レオポルドの「土地倫理」に対するキャリコット独自の解釈である。この土地倫理は、環境問題に対して解答を生み出す基礎となる一元論的な理論である、とライトは言う。この一元論に対する攻撃が、環境倫理学の主流に対するプラグマティストの批判の中心部分を成している。

そしてこの一元論に反対する人達は、ウエストンの内在的価値に対する反対論に助けられることになる。しかし、一元論に対する疑念に焦点を合わせる動きの中で、ウエストンが示したこの分野における差別、特にリーガンやテイラーという個体主義者に対する差別へ反対する動きがみられない。更に、環境プラグマティストにとって最も重要なことは、環境哲学に関する正当な枠組みとして、いくつかの弱い形の人間中心主義を復活させようとする人々に対しての偏見が続いて存在するということだ、とライトは考える。

ライトは､人間中心主義的な哲学の遺産を擁護するつもりはなく、むしろ、環境哲学のコミュニティの中に多くの寛容が存在することを切実に望んでいる。そして、人間中心主義の伝統の中で誠実に仕事をしようとする人々に対して、私たちは寛容にならなければならないという。私たちはまだすべての答えを見つけ出してはいない。それ故に、非－人間中心主義的な全体論者とみなされない人々による、価値ある仕事を拒むことができるだろうか。このことは特に、答えを見つけることを意味するものの考察の機会を妨げる。環境哲学は、哲学者たちの一つの応答として生まれたのだが、哲学者たちは、今日のどうにもならない環境問題を回避するための何かを試みる責務がある―環境問題回避の達成には、十分な環境政策を発展させることによって達成される、とライトは考えた。

ライトによれば、環境プラグマティストは、自己表現をする時、また環境というものを真剣に捉える。それは仕事の対象としてではなく、我々の義務のために献身する。知的な不寛容は、問題解決のために哲学者が果たしうる貢献に対しても妨げになる。そして不寛容はこれらの問題側に貢献することになる。レオポルドを非－人間中心主義的な全体論者とするキャリコットの解釈は、支配的な力を持っている。このことは、すべての環境倫理学者が環境倫理学の継承者として、非－人間中心主義的な全体論に辿り着いたという想定がそこにある｡しかし､環境倫理学が表明しているテーゼの中には、明らかな偏見がある。それは、環境倫理学の正統性に反対する哲学に存在する偏見と同じく悪となるとしている。

このような状況を踏まえて、カッツの議論であるプラグマティズムの道徳理論の要素は、環境倫理学における重要な議論とされる道具的価値の探求とみなされるという点について、我々は何を引き出せるのか、とライトは考える。カッツは、ウエストンが述べていたプラグマティストの関心事について、環境倫理学の企てを具体的に結びつける何らかの「使いものになる環境倫理学」を行うこととしている。ここでの「使いものになる」とは、カッツが述べているよりも哲学的な重みがかかっているのかと、ライトは問うている。カッツの結論としては、「最も適正で筋の通った型をとった環境倫理は、既にプラグマティックな要素を採用している」のである。しかし、ウエストンが求めるものが環境倫理学における適正さであるとするならば―プラグマティズムが環境倫理学にもたらすものに関するウエストンの記述の中心部分にあるように―カッツの議論は中身のない分析として聞こえ始める、とライトは考える。つまり、環境倫理学の最も適正な型は、適切で正しいというように。カッツがウエストンの望みである、ある種の環境倫理学のメタ哲学的な改善がみたいということに同意する程度に、またカッツがすべての環境倫理学者がウエストンの要求に叶わないと認めている程度に、カッツはウエストンの提案であるプラグマティズムのある部分に同意しているかもしれない、とライトは考える。

しかしライトによれば、ウエストンがこの形のプラグマティズムに同意していることを、なぜカッツは認めないかというと、ウエストンはプラグマティズム哲学の直接利用を支持しているからである。それ故カッツは、ウエストンが望んでいる改善を正当とするために、プラグマティズムという名称を拒否するに違いない。なぜなら、この名称は、ウエストンが加わることを望んでいない環境倫理学の論争の新たな「陣営」に結びつけられるように思われるから、としている。そしてライトは、「プラグマティズムのみが、適正であり、使いものになる環境倫理学を生み出すことができる」とするウエストトンの主張と、それに対する「ウエストンが環境倫理学において行おうとしている改善はプラグマティズムとみなされない」というカッツの主張は、両者とも間違いであるという。(EP, pp. 325-329)

そしてライトは次のように言う。人間中心主義への訴えが、カッツが抱いている自然の道徳的な配慮を達成するということが判明したらどうなるか。人間と自然の関係に関するカッツの政策をすべての人に実施させるべく、人間中心主義的な根拠に基づく政府への説得ができるとしたらどうなるか。そして人間中心主義が非－人間中心主義的な意味での自然の利益に寄与したことに、カッツは同意しないだろうか。カッツは期待どおりに同意するだろう、とライトは考えている。またライトは、自然の利益に寄与することを人間中心主義的に支持することが、非－人間中心主義的な自然の利益に寄与するかもしれないと言う。そしてそこで「使える」環境倫理学のためには、それを完全に拒否するのは避けるべきだと言う。そこでライトは、もう一つカッツが黙っている重要な問題として、自然の中の価値の明確な表現について、環境倫理学者達が自伝や詩を参照すること(EP, pp.332-333) を挙げている。このことについては、カッツは多分認めているとライトは考えている。最後にウエストン－カッツのやりとりにおいては、特にこれらの理論の違った部分に違う方法で焦点を当てたとして、このすべての要素が「環境倫理学」を理解するために重要であり続ける(EP, p.335)、とライトは考えている。それでは、ここまでのライトの議論をまとめよう。

ライトは、ウエストンとカッツの論争を、環境哲学の分野において最初の、環境プラグマティズムに関する疑問への直接的な進出の一例であると評価した。そして、両者の主張の違いに対して、仲裁も緩和もしないといった態度をとることで、それぞれの立場を認めているように見うけられる。ライトは、ウエストンとカッツの間にある相違点に対して緩和しようというわけではなく、彼らの論争から見えてくる新しい文脈を提供するとしている。その論点の一つは、内在的価値は現代の環境倫理学においてどの程度、中心的要素なのか、あるいは中心的要素でないのか、である。ライトは、この問題は全く重要ではないとして、如何なる種類の環境プラグマティズムに拘る場合も、内在的価値に関する論争に依拠する必要はないとしている。そして、ウエストンがカッツへの返答で、内在的価値は次第に流行らなくなると認めた時に、注目すべきは、ウエストンもカッツも、環境哲学において内在的価値の重要性の喪失は、プラグマティズムへの転換への説得力を弱める根拠として、ウエストンもカッツも受け取っていない、とライトは指摘する。ここでウエストンは、「内在的価値が全体論者にとっては必要なくなりつつあるが、個体主義者にとってはそうではなく、そこから個体主義的な非－人間中心主義者を見限る十分な理由はない」(EP, pp.325-326) としている。これは、ウエストンの返答の最初の部分で行った最も重要なコメントであり、カッツは残念ながらそれに応えてすらいないと、ライトは言う。このことは、環境哲学が個体主義に対して持っている偏見に注意する必要があるという、ライトの考えである。

また、ライトは、内在的価値というよりも、環境倫理学における道徳的一元論に標的を示している。この一元論に対する攻撃こそが、環境倫理学の主流に対するプラグマティストの批判の中心部分を成している。それからライトは、環境プラグマティストにとって最も重要とされる、「弱い人間中心主義」を復活させようとしている人々に対する偏見があると、指摘している。そしてライトは、「寛容」の存在が、環境哲学のコミュニティの中に広がることを望んでいる。

そして人間中心主義者への寛容な対応も望んでいる。

それからライトによれば、カッツは、プラグマティズムは多元論的で関係論的なものであるとしているが、これは、環境倫理学者は「数多くの価値が自然に見出され、様々な仕方で他の価値と影響を与え合っている」ということを否定しない、というものである。このように、ライトの立場は、ウエストンとカッツとの立場との相違がある。以上、ライトの主な主張を述べた。ここまで自然の「内在的価値」が、今後の環境プラグマティズムの展開において、展望を見出す手がかりとなるかを念頭において、ウエストンとカッツ、そしてライトの議論展開を見てきたが、次に、EP を基とした第 5 章から 6 章のまとめとして、ここまでの議論を踏まえて、自然の「内在的価値」に妥当性があるのかを結論づける。

6. まとめ－環境プラグマティズムは自然の「内在的価値」をどう考えるべきなのか－

第 5 章～6 章では、自然の「内在的価値」を中心として、EP の中でのウエストンとカッツ、そしてライトの議論を中心に見てきた。そこには､環境プラグマティズムの展開とその歴史を踏まえながら、この三者の議論において、自然の「内在的価値」がどのように論じられ、またこの概念が環境プラグマティズムにとって、どのようなものであるかを検討した。そのまとめとして筆者の考えを述べたい。

結論としては、環境プラグマティズムにおいて、プラグマティスト達は、自然の「内在的価値」を重要な概念として捉えていなかったが、それを重要な概念として捉えて、それを認めることがあると考える。そして、自然保護と人間以外の生物の生命に対しても、特定の条件下において守りたいが、そこには、環境倫理学における議論の失敗の根源として、単純に人間と自然を分けるという点に問題がある。何故かというと、そこから環境倫理学における二項対立図式が不毛な展開を繰り広げたからである。特に、人間の利害優先の否定は当然といえるが、自然との利害関係については、人間と自然の関係において、人間は自然の一部として捉えている。しかし、人間と同等の権利をすべての自然に与えることはできないと考える。そのような議論と自然の「内在的価値」を結びつけて議論展開するのなら、環境プラグマティスト達はそれを認めることはなく、否定するのは当然だといえる。

ウエストンは、環境プラグマティストとして自然の「内在的価値」を否定し、自然の価値を多元的に捉えて、プラグマティストにとっての価値は多元的で相関的であるということを強調した。そしてウエストンは、自然への「畏敬」と「尊厳」、自然に対する我々の経験や努力を通じて、「自然の価値」を学ぶことの重要性を主張したが、「自然の価値」を学ぶことについては、環境倫理学では不可能だとの結論に至った。

それに対してカッツは、環境倫理学は、適切な「道具的価値」を解明するためだけに「内在的価値」を用いていると考えている。このことは、環境倫理学の実質的な内容ではなく、その「方法論」についての主張である。またカッツは、ウエストンの主張である自然への「畏敬」や自然の「尊厳」に対しても、プラグマティックな「環境倫理」の基礎にならないとして、プラグマティズムは人間中心主義を脱却できたとしても、自然の「内在的価値」はこれに制限を加えるものであると批判している。このことは、ウエストンが一見制限を持たないと思えるような様々な可能性は、内在的価値という概念によって狭く制限されているとされていることへの批判である。

またライトは、ウエストンとカッツ両者の間において、まず、「内在的価値」は現代の「環境倫理学」の中でどの程度まで中心的要素となるか、ということは、大して重要ではないと考えている。環境倫理学における「内在的価値」の重要性の喪失は、プラグマティズムへの転換の説得力を弱める根拠となり、個体主義に対する環境倫理の偏見についても、注目すべきものであるとされている。そしてライトは、内在的価値というよりも、環境倫理学における道徳的一元論を標的にしている。それからライトは、「弱い人間中心主義」を復活させようとしている人々に対する偏見があるとの指摘をしている。そして、人間中心主義者への寛容な対応も望んでいるのである。以上が、三者のプラグマティズムと自然の「内在的価値」についての論述の簡略なまとめである。今までの「環境倫理学」と「環境プラグマティズム」で述べられてきた、自然の「内在的価値」についての論者達の考えは、概ね環境倫理学では肯定的であり、環境プラグマティズムでは否定的と捉えられている。要は、自然の「内在的価値」について肯定的とはいえず、重要な概念とは捉えていない。

しかし、自然の「内在的価値」をあると肯定することも、ないと否定することも、共に明確な論証がなされていない。理論的に論証することは不可能なのかもしれない。自然と人間の関係において、自然の「内在的価値」を論証するのは困難かと思われるが、人間の「内在的価値」については認めざるを得ないと筆者は考える。安彦一惠は、講義「環境倫理学のために」において、自然の内在的価値は未だに論証されておらず、人間の内在的価値も論証されていないが、人間の尊厳や内在的価値についてのみ論証抜きにこれを認める旨の主張をしている。しかし、人間以外に関しては論証無しでは認められない—としている。問題なのは、論証されていないにもかかわらず、論証済みだとして、その内在的価値の特性に依拠して「自然の権利」を説くことである(安彦 pp.1-2)、と安彦は言う。

この自然の「内在的価値」を認めさせて、権利に結びつけようとする環境倫理学の議論展開が、実践的な環境政策等に発展展開できなかった一つの要因だと筆者は考える。そして、本書では、自然の「内在的価値」という概念をどう扱い、どう理解するかを一つの主なテーマとしている。自然の「内在的価値」を取り上げて、その一部として捉えている、人間の「内在的価値」については、自然との関連において取り上げる位に止めておく。

そこで私たちは、一切の「内在的価値」を認めていないわけではない。私たちは、ある種の対象に対して、それ自体の価値があることを認めてしまっている。論証の必要抜きで認めている、というより論証することができないといえる。例えば、我々人間は、例外(人食い人種、殺人等)を除き、ほとんど人間を殺さないし食用としない。それは人間の尊厳や権利を認めているからであり、人間には「内在的価値」があるという証拠でもある。また、人間を食用や道具的利用の対象として扱うものとなれば、内在的価値を認めていないことになる。したがって、ほとんどの人は人間を殺さないし食用としない。但し、すべての人間に当てはまるわけではないし、同じ次元でこの見方を、自然や動物にはもっていけない。それができるのであれば論証が必要である。この論証は不可能だと考えられるし、恐らくプラグマティストはできなくてもいいとさえ考えている。

一方で価値はあるかないか、いわば存在するのかしないのかという問いがある。価値が存在するのであれば、ある性質を持ったものがある一定の価値を有する特徴的なものに置き換える必要がある。価値付けするのは人間でしかない。いわゆる主観主義でしかない。

ということは、人間が「内在的価値」があると認めれば、内在的価値があると扱ってもいいともいえる。道具的といわれればそうともいえるのである。あると認めたり、ないと認めなかったりするのはプラグマティックともいえる。もともと内在的価値の概念はプラグマティズム的にしか使えないのではないか。このように使うのであれば、内在的価値の概念を捨てなくていいのかもしれない。このように、人間の生命も自然の動植物の生命も生命現象として捉えれば、そこに流れる生命の根源は同一であると筆者は考えるが、そこには価値付けが問題となる。その価値付けを人間がしているという点で、人間を特別な取り扱いをすることになる。例外なく「生命」という観点から取り扱うことができることが望ましい。このようにいうと「生命中心主義」という立場だとされるかもしれないが、筆者は「弱い人間中心主義」を支持し、人間の生命も自然の動植物の生命も生命現象として捉えて尊重するという立場である。

それでは、人間と他の自然の「内在的価値」を認めるには、その比率の違いを考える必要がある。他の自然は道具的価値を認める比率が高いが、人間は内在的価値を認めない比率が低いがゼロではない。そして、自然、特に動物の内在的価値を認めてしまったら食用にできなくなる。内在的価値を絶対的な価値として一元論的な価値と認めてしまったら人間中心主義となり受け入れられないだろう。かといって、内在的価値を完全に取り払ってしまったら、我々はすべての生物を道具のように使っていいということになり、人間中心主義に戻るということはおかしいことになる。特異な例として、人間と動物の中間に位置するとされる「奴隷」の存在がある。奴隷は、人間が道具的に動物以下に扱うが食用にしない。かといって内在的価値があるとはしない。この「奴隷」については、現代では現実的ではないことは言うまでもなく、本書では取り上げない。その一例としては、米国のプラグマティズム思想に関連して南北戦争の時代に遡る。その当時の白人の大多数は、黒人に対して人種差別的偏見を持っていた。黒人を奴隷として、使用人としての優劣関係が存在した。人間以下として、労働力を持って富の搾取をしたのである。人身売買も行われたが、食用とはしなかった。現代では、人種差別撤廃で奴隷制度はなく、黒人も肌の色を超えて、差別や偏見を超越して、人間として尊重されている。ここでは紹介にとどめておく。

我々は、ある対象、自然物そのものに価値を認めることはある。すべての人々に認められない、受け入れられないとしても、ある種の美的価値である自然の風景が、それ自体として価値があると認めることはある。内在的価値を認めるという場面は、人間以外の生物に対してもある。しかしいつもではないし、人間を認めるというほどには多くはない。しかしゼロではない。このような概念を使うことはプラグマティックであるといえる。自然には内在的価値はあるとは断言できないが、捨ててしまうことはないと筆者は考える。とはいえ、従来の環境倫理学者が内在的価値に強い意味を持たせてしまったので、人間の尊厳と等しく道具的使用をさせないとするのではなく、場合によっては道具的使用もするし、内在的価値を認めることもある。その都度変えているといわれるかもしれないが、人間の内在的価値も同じであり、それらの概念はもともと、そういうふうに使われている概念であり、もし環境プラグマティズムにおいて、この概念が、プラグマティズム的に意味を持つとすれば、そういう意味でプラグマティックにこの概念を理解することにはならないか。

また、内在的価値を絶対的に認めるのも、認めないというのも極論といえる。本来、プラグマティズムの立場であっても受け入れることもある。その文脈に応じて有用な概念をその都度使う。一元論的な説明であっても、あるいは内在的価値の説明が、納得できるものであり、上手い概念として使えるなら使うというのがプラグマティズム的な考えである。そこで、みんながなるほどと思える納得がいくものであるなら、原生自然には価値があると言ってもいいのであり、プラグマティストとしては一元論を含めて多元論的である。一元論者がそれだけに拘っていても、多元論者はそれを含めて多元論の一つとして認める。内在的価値的な概念をプラグマティズムとして排除しなくていいと考える。よって自然の「内在的価値」や自然の美等が我々の環境保護に対して、環境プラグマティズム的に考えるなら、我々が環境保護を行う場合に、自然の「内在的価値」や、「美」というものを用いることによって、それに役立つのであれば、それはそれで使えるのでなければならない。

ウエストンは、従来の「環境倫理学」は方向が誤っているという方に力を入れすぎて、本来のプラグマティックな考え方を少し逸脱していて、攻撃の方に力を入れすぎた。またカッツは、ウエストンに対して反論するばかりで、議論の内容と論点を引き下げすぎている感がある。その両者をライトは冷静に見つめている。内在的価値はあるかないかという二者択一の議論については、それにとりつかれているのが従来の環境倫理学であり、環境プラグマティズムは、固定概念の議論では必ずはみ出すことがあり、二者択一のように一刀両断できないというのがプラグマティズムの考えである。それでは、プラグマティズム的に内在的価値の概念をどのように使いたいか、どういう場合に意味あるものとなるかを考えなくてはならない。それは、全面的賛成でもなく、かといって全面的反対でもなく、その間で、場合によってはあっちやこっちに寄ったりしているが、そのような説明が説得力のあるプラグマティズム的説明だといえる。

それでは、人間と自然の「内在的価値」を比較して考えるとしたら、基本的には「あるなし論」で考えるということができない。すなわち、内在的価値か道具的価値かという二項対立のどちらかだけという極端な考え方が、私たちの現実の思考スタイルには合っていない。そこを少し組み換えるという議論にして、維持はするが条件があって、全否定でもなく、全肯定でもなく、絶対主義的ではなく、文脈主義で考えるのがプラグマティックであり、この概念をどう理解できるか、利用できるかと考えることがプラグマティックである。しかし、すべての内在的価値をあると認めることはできない。認めるとしたら肉食はできないことになる。植物でさえも食することができなければ、人類は生存できないことになる。これもプラグマティックに考えなくてはならないし、人間の生活は既にプラグマティックな生き方をしているのである。また、美的なもの、自然の雄大さを見て、心に響く人は多く存在し、内在的価値を部分的に認めるという人もいるが、稀に認めない人もいるだろう。その稀に認めない人とどう向き合うかが問題となる重要な点である。

以上が、自然の「内在的価値」についてのまとめと結論である。ここまでの議論では、自然の「内在的価値」はあるかないかという不毛の議論ではなく、認めるか認めないかというプラグマティックな議論として、環境プラグマティズムにおいて、自然の「内在的価値」の概念は重要な位置を占めている。その重要性については実践展開にどのようにこの概念が活かせるかである。そこには妥当性と展望が見出せるのではないか、と筆者は考える。次章では、環境プラグマティズムのもう一つの重要な概念である「価値多元論」を、環境プラグマティズム全体の議論を踏まえて取り上げる。

第７章　環境プラグマティズムにおける価値多元論をめぐる議論

第７章では、環境倫理学から環境プラグマティズムへの展開の中で、環境倫理学における「道徳的一元論」のアルド・レオポルドの「土地倫理」をめぐる解釈について取り上げる。そして、道徳的一元論からそれと対置した「道徳的多元論」への移行についてと、道徳的多元論から、「理論的多元論」と「メタ理論的多元論」について考察する。

環境プラグマティズムの考え方については、一つの主義主張に貫かれた、統一的な考え方を有しないのがその特徴といえるのであるが、ある程度の問題意識の共有は認められている。その問題意識とは、「道徳的多元論」（moral-pluralism）、「現実主義」（realism）、「反基礎づけ主義」（anti-foundationalism）、自然／人間の二元論の否定といった原則に立つ環境思想である。この思想は、環境問題等の実践的解決に向けて、何が真理かではなく、何が状況の文脈に応じた最適な解決方法であるかを本章での焦点とした。

多元論（pluralism）は、本源的なもので多くの存在や種類を認め、世界が相互に独立した多くの原理や要素から、その価値が成り立っているとする。多元論については、一元的な真理観、価値観、世界観などに反対し、真理、価値、世界観などの多様性を謳う思想である。また、「価値多元論」と「道徳的多元論」については、前者は、一つの主義主張に捉われずに、価値の多様性を認めるといった環境プラグマティズムの中心的概念である。後者については、これは、これかあれかという形で、唯一の答えしか存在しないという倫理のあり方である「道徳的一元論」に対して、それを排して対置させた概念である。

従来の環境倫理学では、「環境問題を実践的に解決する」ことへ向かっていたのであったが、具体的な場面では、一元論は有効に働かず、実践的には何もできなかったのである。環境倫理学内には、意見の一致と不一致が多く見出された。前に述べた二項対立図式に特徴づけられるように、環境倫理学は「意見の不一致」以外において、論争以外の何も提起していないように思われる。そこで登場した「環境プラグマティズム」は、一元論を退けて、多元論をとなえた。しかし、理論より実践を重視したはずの環境プラグマティズムは、なかなか顕著な具体的実践行動に移れない。この点について、そこには何かの原因や問題が潜んでいるのではないかという観点からも次に見ていきたい。

1. 環境倫理学における道徳的一元論
－レオポルド・A の土地倫理(land ethic)をめぐる解釈－

環境倫理学は、人間性と自然界との間にある、道徳的関係の分析において大きな成果を挙げたとライトとカッツは EP の冒頭でそのような評価をしている。しかし私たちは、現在の環境問題に対してエコロジカルな観点から、社会全体のためにも生きるという生き方が求められている。すなわち「実践」が求められているのである。米国のエコロジストでもあるレオポルドは、環境倫理学の考えを確立した「環境倫理学の父」といわれている。レオポルドは、「土地」研究の中で、「土地は単なる土ではない。それは土、植物、動物という回路をめぐるエネルギーの源泉である。つまり、この回路に行き止まりはない」と述べた。この「土地倫理」を提唱したレオポルドは、「土地倫理」とは、共同体という概念の枠を、土壌、水、植物、動物、これらを総称した「土地」にまで拡大した場合の倫理をさすと定義している。この「土地倫理」は、米国の環境史上において、最も広範囲にわたる環境運動の思想的なスタンダードとなった。そしてレオポルドは、倫理とは個体なり集団なりが、お互いに助け合うために協同の方法を見つけようと考え始めることが出発点となっていると述べた。そして、最初の倫理則は、個人同士の関係を律していたが、その後には個人と社会の関係を律するものであった。ところが、人間と、土地及び土地に依存して生きる動植物との関係を律する倫理則は存在しない。人間と土地とは、全く実利的な関係で結ばれており、人間は特権を主張するばかりで一切の義務を負っていない(レオポルド 1986, pp.330-332)、とレオポルドは言う。

レオポルドは、環境倫理学における自然保護というのは、人間と土地の間に調和が保たれた状態(ibid,. p.318)のこととしている。これは生態系全体に重きをおいた価値観である。すなわち、調和が保たれた状態とは、人間中心主義とその否定である非－人間中心主義の両方の考え方を合わせ持ち、自然に対しても人類が自然界を管理すべきであり、自然の「内在的価値」を自然が人間の価値である真・善・美といったものを包括するような、根源的な価値とした自然保護思想を支持するということである。以上、レオポルドの「土地倫理」について取り上げた。次に、環境倫理学を「道徳的一元論」に導いたとされるキャリコットと、EP におけるライトとノートンの「土地倫理」に対する考えと、それに関するレオポルド解釈の議論についてふれておく。

キャリコットは、人間以外の存在の道徳的地位に関する重要な視点を「土地倫理」が提供していることを示唆して、道徳的人間主義と人道的道徳主義をいずれも、道徳的価値の理論において、原子論的あるいは分配的なものとして捉えている。これに対して環境倫理学(レオポルドが概観を示したものに関していえば)は、道徳的価値を「全体論的」あるいは集合的なものとして捉えている(キャリコット 1995, pp.78-79)。キャリコットは、レオポルドに対して多大な評価をしている。そして、パルマー (Joy A. Palmer)はその一つのレオポルドの捉え方として、土地の健康を、土地の安全性と、その土地の生物界の自生種が、その種を特徴づける数だけ十分に存在することと、密接に結びつけて捉えたのである。そして、レオポルドが晩年において「保全」に対する中心的関心に、原生自然の保存と生態学的な復元の両方に対する関心を結びつけたことに対して、原生自然は生態系の健康の「最も完全な規準」を与える(パルマー 2004b, p.37)とした。

またライトは、キャリコットがレオポルドを解釈して、非一人間中心主義的な全体論者としているのは、ほとんど覇権的であり、環境倫理学者が、以前のすべての環境倫理学を明らかに後継するものとされる非一人間中心主義的全体論に、今到達したという推論と同様である、との批判をしている。

従来の環境倫理学は、「土地倫理」に対して偏ったイメージを作り上げた。それは、キャリコットがレオポルドの「土地倫理」を解釈したことによって、環境倫理学への偏見が指摘されたことである。ライトはこのことについて、「この分野で公的に提示されていることの中には明白な偏見があり、それは時として、環境倫理学の正当性に対する主流派の哲学における偏見と同じ位に悪いものになる」(EP, pp.327-328)と言う。特にキャリコットによるレオポルドへの理解がその象徴といえる。そこから、人間嫌いともいえる極論が生まれ、それへの反論として「環境ファシズム」が登場したのである。またキャリコットは、その弁明としてではないとした上で、「我々がもし人間中心主義でない環境倫理を発達させなければ、ホモ・サピエンスの生存はそれほど長くはないだろうということであり、我々は、自らを深刻な絶滅の危機にさらしている生物種である」と述べている。その上で、「人間の過剰な行為を全体的な生物共同体の善に従属させるような環境倫理を採用することだけが、この惑星での今の地位を引継いで保ちうる唯一の方法である」、とキャリコットは言う。そして、環境倫理学は「人間中心主義」批判と、自然の「内在的価値」を提唱して、「道徳的一元論」に進んだと思われたが、レオポルドは決してこのようなことを求めたのではなく、二者択一的な問題設定をするのではない―としている。そしてキャリコットは、レオポルドが否定したのは、どちらか一方の考えだけですべての問題を解決しようとする一元論である(キャリコット 2009, p.441)、としている。

EP の中でノートンは、レオポルドの環境哲学とプラグマティックな思想の基本的要素との関係を、より詳細に発展させている。そのレオポルドに対して、彼を人間中心主義者として分類されるべきかを問うている。そして、その答えは是でも非でもあると答えている。この点についてノートンは、「是とするのは、良くも悪くも彼は人類が自然界を管理せねばならず、管理すべきであると信じていたという意味において、彼は人間中心主義者である。それゆえに、社会の現況における態度として、人類という種の利益に基づく議論は、政策論争において重きを置くであろう」と述べている。そして、土地のピラミッド構造を要約し、土地を「エネルギー回路」として記述した後で、レオポルドは土地倫理を三つの基本的な思考にまとめている。それは、（1）土地はただの土壌ではない。（2）その土地の自然にあった動植物はエネルギー回路を開き続ける。他のものはそれができない。（3）人工の変化は、進化による変化とは異なる秩序のもので、意図されたあるいは予見された効果より包括的な影響を持つものである。

以上のレオポルドの考え方に対してノートンは、これらの思考はまとめると二つの基本的な議論をもたらすとして、土地は新しい秩序に適合できるのか、望まれる変化はあまり物理的に破壊しない仕方で達成できるのか、ということを問うている。ノートンは、これはある種の人間中心主義であるとした上で、レオポルドは人間が生物相を変えるであろうことを受け入れていて、人間が生命を守ることができ、人類という種が生き延びれば、人間による管理は成功となる、としている。このことについてノートンは、もし人間による自然の改変が生態学の知識にそったものであり、長期にわたり人間の生命とそれに依存して生きた土地を守るような変化であれば、レオポルドは人間が自然を変える権利について疑問を呈したことはないと述べている。

しかし、レオポルドは人間中心主義とその否定の両方を、人間による概念の捉え方であるとして、それを実在ではない人間の認識の加工物であると考えたのである。こうした考えは、具体化されたシステムを参照せずに決めようとする言語の可能性を超えたものとなる。それにもかかわらず、レオポルドが非－人間中心主義であったというのは正当性がある、とノートンは考える。その正当性の理由として、レオポルドは「土地」に対して、より深く道徳的ですらあるような対応を伴うことが挙げられる。ノートンによれば、このレオポルドの見解については、プラグマティズム的な意味において真理である。それは生き延びることに貢献する価値を有している、としている。レオポルドは、私たちの文化が土地に対する豊かな態度を進化させることを夢としていた。そして、米国の生物界で人間以外の存在との依存関係に気づくことにより、生命共同体での道徳的な新しい捉え方を発展させることにより、私たちの文化が生き残る可能性を向上させると考えた。

更にノートンは、レオポルドの現実における標的は人間中心主義ではなかったとして、非一人間中心主義が解決不可能な問題提起をするため、管理問題を検討するために使えば、あまりにも役に立たないとの結論を下した。そしてノートンは、目先の利益追求による破壊的な実践は、本当の意味での人間中心主義とはいえ誤りであり、人間中心主義は未来世代への配慮を含意するものであるとしている。そして、レオポルドは「収束仮説」にしたがって行動したという仮説を立てた上で、人間の利益と自然の利益は短期間においてのみ異なり、人類という種がどれほど生命共同体の一部として組み込まれているかを認識したなら、人間の長期的利益は自然の「利益」と一致すると考えていた(EP, pp.98-99)、とノートンは言う。要するにノートンは、生命の充実を守るということは、人類という種の遠い未来を、かつその進化した後継者を守るということであるとしている。私たちの文化が生き延びるかどうかは、私たちが依存する生態系が生き延びるかどうかにかかっていて、個々人が如何なる世界の概念を採用するかはさほど重要ではなく、それを環境管理に適用するにあたっての長期的視野に立つ方が重要である(EP, p.100)と述べている。

以上、ノートンのレオポルドの「土地倫理」についての解釈を取り上げた。ノートンは、人間と自然との多様な関わりや価値を包括する価値多元論をとり、特定の問題に即しながら民主的な合意形成を優先するという立場をとる。そして、この立場からみたレオポルドについては、人間中心主義者のノートンはレオポルドを非－人間中心主義者としてみてはいない。人間中心主義と非－人間中心主義が、動機が異なりながらも、環境政策面では収束するというのが「収束仮説」であり、レオポルドがその「収束仮説」にしたがって行動したという仮説をとなえたところにノートンのレオポルド観がある。

従来の環境倫理学には、意見の一致がみられない問題がある。その中で、重要な問題解決に対する意見の対立は、人々の生活全般における方向づけができなくする。そうなると社会が脅かされマヒしてしまう。現に環境政策等においては、意見の不一致が現れている。このことが、「環境倫理学」は具体的な行動に至らず、結局は使えないということになっていると考えられる。そこには、「道徳的一元論」の問題が潜んでいる。加藤は、「自然に関わる私たちの倫理的な態度や行為に根拠を与える価値や原理が、たった一つしかないと考える必要があるのか」との疑問を呈している。この一元論とは、あらゆる状況の中で、それぞれに応じた適切な倫理的判断を可能にしてくれる単一の原理である、という考え方である。これに対して加藤は、「様々な価値間のコンフリクト(葛藤・対立・紛争)があっても、それを解決してくれる単一の原理もしくは価値尺度がある」という考え方がある、としている。特に、キャリコットのような全体論者は、単一の価値原理を用意することで、人間、動物、生態系、等々様々な対象に関わる義務のコンフリクトが明快に解決する問題解決の方法論を提供できるものとして、正当で正しい道徳理論が一つしか存在しえないという道徳的一元論を主張する。それと同時に、多元論を、そのまま道徳的相対主義に陥るものとして拒否する傾向にある(加藤 2005, pp.34-35)、と加藤は言う。

このことについて、デ・ジャルダンは、「道徳的一元論の背後にあるとされる一つの強い動機は、他の代替的な理論への恐れである。一つの統一的で、一貫性のある倫理学説がなければ、我々は倫理相対主義に陥ってしまうように思える」と述べている。デ・ジャルダンによれば、その他の代替的な理論とは、別の倫理学説のことか、あるいは合理的な倫理学の探究のいずれかであるように思われる。しかし、このようなあれかこれかという二元論は、道徳的多元論者の否定するところである。多元論とは一元論と相対主義に対する代替的な理論である。倫理学においてはただ一つの答えがあると考える一元論者の視座を拒否しつつ、多元論者は、正しい答えは存在しえないと主張する倫理相対主義者も否定する(デ・ジャルダン 2005, pp.405-406)、とデ・ジャルダンは言う。

そこでライトは、前述のノートンが論じているように、「一元論はこの分野で優先的な発展を遂げてきたので、環境哲学が多元論者とプラグマティストの立場を受け入れる最大の障害となっている。それは、環境倫理学の第一人者とされるキャリコットではないかとして、キャリコットの立場の基礎となっているのは、レポルドの土地倫理に対する彼独特の解釈である」としている。また、「土地倫理」は一元的論理であり、それは具体的な疑問に対するすべての答えが生じる唯一の基礎を産み出すものである、とライトは考えている。そしてライトは、「この一元論への攻撃こそが、環境倫理学の主流に対するプラグマティストの批判の中心部分を成すようになる。そしてこの一元論に反対する人たちは、ウエストン独自の内在的価値に反対する主張を裏づけることができる」(EP, pp.326-327)

と結論づけている。 以上、「道徳的一元論」について、レオポルドの「土地倫理」を基にして、キャリコットとライト、そしてノートンの議論を検討した。

ここまで「道徳的一元論」について、主にレオポルドの「土地倫理」をめぐる解釈を取り上げたが、レオポルドが否定したのは、一方の考えだけですべてが解決するという「一元論」である。環境倫理学は「二項対立図式」の中で、そのどちらか一方を選択するという枠組みに訴えた結果、「道徳的一元論」へとシフトしたとされている。この「道徳的一元論」は、これかあれかという形で、唯一の答えしか存在しないというような倫理のあり方である。「道徳的一元論」の側からいえば、「道徳的多元論」では、対立が深刻化した時にどうにもならなくなる。その一元論に対して多元論者は、現実問題は一つの倫理体系にあてはめられない。このようにそれぞれの価値観がかけ離れていれば、問題解決には導けない。また一元論者は、現実問題は互いに相容れない複数の選択肢から選択を迫られるので、明確な規準がないと選択判断ができないと考えるのである。このようにどちらが正しいかという次元の問題ではないのである。以上、レオポルドの「土地倫理」と「道徳的一元論」について、キャリコット、そしてライトとノートンの解釈を取り上げた。次に、この「道徳的一元論」に対して「道徳的多元論」について述べる。

2. 道徳的多元論について

本章の冒頭でも取り上げた「多元論」は、「一元論」に対置され、本源的なもので多くの存在や種類を認め、多くの原理や要素から、その価値が成り立っているとする。「道徳的多元論」は、「道徳的一元論」に対して、それを排して対置させた概念である。環境プラグマティスト達は、道徳的多元論を主張する。まず、自然の価値や価値の可能性は、多様であり、単一の価値論では説明できない。つまり、一元論は理論的に無理があるということである。そこで、道徳的配慮を自然に向けるように人々を動機づけるためには、単一の価値論ではなく多元な価値に眼を向けなければならない。

このことについて加藤は、「人間の利害と、ある意味では自然の利害と、その両方を認めることができるし、その両者が必ず対立するというよりは、むしろ両立できる場合が多い」としている。環境プラグマティズムは人間中心的な道具主義と考えられていた誤解を正して、環境倫理学にとってのプラグマティズムの必要性を強調している。道徳的多元論という思想は、自然の価値や価値の可能性は、あまりにも多様であるから、単一の価値論では説明できず、一元論には無理がある(加藤 2005, p.35) 、と加藤は言う。

道徳的多元論について、EP の導入冒頭で、ウエストンが提案した道徳的多元論は、時には脱構築的なポストモダニズムの絶望的な相対主義に、危険なほど似通った響きを持つとしている。この相対主義というのは、危機の時期において避けられるべきものであり、我々が同意するというものであり、道徳的多元論を求める声、それに伴い理論的議論の重要性の減少や、政策一致という実践的な問題を関心事項として考えることは、環境プラグマティズムの考え方の重要な特徴となる (EP, pp.4-5)、とライトとカッツは考えている。

そこで、道徳的一元論者のキャリコットは、レオポルドの「土地倫理」を全体論的な環境倫理学として再興していこうとした。そのキャリコットと「自然物の法的当事者適格」をとなえたストーンとの間で論争が行われている。この論争の論点については、「環境倫理を全体的なものと捉えるのか、あるいは多元論的なものとして捉えるかは重要な論点として議論が続いている」(鬼頭 1996, p.55)、と鬼頭は言う。この道徳的多元論は、自然物が権利を持つとの主張に対する反論に応えるために導入した議論をストーンが展開したのである。デ・ジャルダンは、ストーンのとなえる一元的理論について、「一元的理論とは、『あらゆる道徳的な難問に適用可能であり』、そして『それぞれの問題に一つの正しい答え』を与えることが可能な『1組の首尾一貫した原理』を意味している」と述べている。すべての伝統的な倫理学説ではこうすることが不可能であり、また倫理的相対主義は受け入れられないので、ストーンは多元論こそがその答えである(デ・ジャルダン 2005, p.407)、と結論づけている。

この現代の民主主義的で自由主義的な世界は、あまりにも複雑で多様なせいで、いろいろな状況をみても、何らかの抽象的な型にピタリと当てはまることはない。そのように考えると、「道徳的多元論」という概念に頼るプラグマティズム的なアプローチは、明らかに有利な立場といえる。しかし、価値多元論を前提にした道徳的多元論では、対立が深刻化した時にはどうにもならなくなる。要するに、人間中心主義の原則に基づく、人間に有利な決定と、生命中心主義の原則に基づく、人間以外の存在に有利な決定とが同時には成り立たず、妥協と合意点を見つけることができない時はどうするのかが問われる。

このように、それぞれの価値観がかけ離れていれば、問題解決には導けない。多元論者は、複数の問題があれば優先順位をつけて、ランクの高い方を選べばいいと考えるかもしれない。それでは一元論者は、何を根拠にしてランクづけできるというのだろうか、というだろう。また、多元論と一元論のどちらが正しいともいえないし、どちらが間違っているともいえない。このような正しいか正しくないかという次元の多元論者は、現実問題は一つの倫理体系にあてはめられないというだろうし、一元論者は、現実問題は互いに相容れない複数の選択肢から選択を迫られるので、明確な規準がないと選択判断ができないというだろう。それでは、何が価値判断の基準となるのか、まさに倫理的判断が迫られる。しかし、この意志決定当事者は「人間」だけであれば、「忖度」や「思いやり」といったものの関与が考えられるが、動物や生命のない存在も含まれるとなると簡単ではないと考える。

そこでデ・ジャルダンは、道徳的多元論者は、単一の原理に解消しえない道徳的な真理が複数存在するとして、一元論者によれば、多元論者は倫理相対主義者と同じであるという。それは不幸なこととしている(ibid., p.406)。そして、一元論は一つのことに対して曖昧さのない具体的な決断ができるという魅力があり、それに対して多元論は、いくつかの相違なる行動が等しく合理的であり、正当化されるという点において対抗するとされるが、相対主義に陥るという点が懸念される—としている。またデ・ジャルダンは、多元論は、倫理的な生活には、等しく重要な様々な価値のバランスをとることが必要な状況が多く含まれる(ibid., p.409)と特徴づけている。

環境プラグマティズムは、「道徳的多元論」を真摯に受け容れることで、一元的理論と倫理相対主義に行き着くあらゆる理論に対して中間的な立場を表明している。ジェームズやデューイによる米国の伝統的なプラグマティズムは倫理学における一元論に対して懐疑的であった。そしてプラグマティズムは、真理や価値を文脈に即して実践的に評価することに焦点を当てている(ibid., p.410)。ライトとカッツは、環境プラグマティズムの実践に関する様々な位相のいずれも、必ずしも相互に排他的ではないとしながら、環境プラグマティズムのタイプの区別の必要性をとなえている。そして、すべての環境プラグマティストが理論的多元論あるいはメタ理論的多元論に対して、いずれかに評価しているとしても、そのような区別は、このタイプの環境哲学の一貫性を考えると警告の原因とはならないとしている（EP, p.6）。次節では、その理論的多元論とメタ理論的多元論について述べる。

3. 理論的多元論とメタ理論的多元論

ライトとカッツは、環境プラグマティズムには「理論的多元論」と「メタ理論的多元論」という二つの異なったタイプの多元論があることを認めている。理論的多元論(theoretical pluralism)とは、直接的な道徳思考のための、区別可能な理論的に共約不可能な基盤(共約不可能性)に関する知識である。この共約不可能性(incommensurability)とは、価値観の異なるパラダイムに属する科学理論の間には、その両者には、その優劣を比較する共通の尺度は存在しないという説で、米国の科学史家のクーン・Tによって科学哲学的概念として使用された。それは、違いを位置づけられない不可能な状態を意味しているということである。ライトとカッツは、この理論的区別の一例は、様々な個別の動物に関する道徳的な考察に関心を寄せる立場－ピーター・シンガーの感覚を持つものであるかという基準及びポール・テーラーの生命というすべての目的論的中心に敬意をはらうという基準に基づく立場である、としている。

一方の「メタ理論的多元論」(meta-theoretical pluralism)については、単一の道徳的企てにおいて共に働きあう、多様な倫理的理論の妥当性に対する開示性、すなわち寛大さを含んでいる。この「メタ理論的多元論」か「理論的多元論」のどちらかが、ある種のポスト・モダン的な相対主義を必ず発展させることになるのかということがここでは問題とされている。またライトとカッツは、このことについては、EPでの環境プラグマティズムに関する様々な評価によると、両者共その役割を担うことはないとしている。どちらの多元論も使いものになり、環境哲学の成長のためにこの段階で必要とされる種類の理論展開のための基礎や指針を示すに過ぎない。そしてEPにおけるすべてのプラグマティストの主張は、現在の環境問題に対して使いものになる解決を見つけることに向けられている。プラグマティストたちは、哲学が環境問題を解決するためにできる貢献が理論に拘ることで遅れることを容赦出来ない、とライトとカッツは言う。もし、多元論が相対主義という明確でない形式へと堕落することを妨げる何らかの枠組みが与えられ、両者の多元論が環境倫理学の健全さのために重要であることが主張されるなら、EPは環境プラグマティズムの説明として読まれることができる(EP, p.4)、とライトとカッツは考えている。

また、プラグマティストとして、最も望ましくないことは、健全なメタ理論的多元論の発展を妨げることである。「メタ理論的多元論」については、ウエストンによれば、環境哲学の領域における紛争は、環境哲学の初期段階にとって適切であり、環境プラグマティズムでも紛争地であるべきことは同様に適切である、と示唆している。そのことによって、自然の価値を説明し、促進し、正当化する様々な理論や環境政策を説明して立証する理論も生まれる。様々な立場の環境プラグマティストへの寛容が、今後、何十年もの間に、力強く現実的な環境倫理学を続けるために必要なメタ理論的多元論のためのモデルとして役に立つ(EP, p.16)、とライトとカッツは考えている。以上、「理論的多元論」と「メタ理論的多元論」について、明確に相違している点は、理論的多元論では、それぞれの価値の優劣を比較する共通の尺度は存在せず、その違いを位置づけられない不可能な状態を意味している。一方、メタ理論的多元論については、理論間の整合性や妥当性を考える時にメタレベルといった上位の概念操作が必要となる。思考を思考するレベルがメタレベルであるところから、多様な価値間の多元性すなわち寛容さを含んでいるという点で、両者の相違がみられる。メタ理論的多元論の詳細は、次の第８章－３節「ライトの価値多元論」で述べる。それでは次章に環境プラグマティスト達による「価値多元論」の諸理論について取り上げる。

第 8 章　環境プラグマティストによる価値多元論の諸理論

EP における自然の「内在的価値」をめぐる「ウエストン―カッツ論争」は、ライトが加わって議論が展開された。本章では、もう一つの重要な概念である「価値多元論」をめぐるウエストンとカッツ両者の議論、そしてライトとノートンの議論も加えてみていく。

1.　ウエストンとカッツの価値多元論について

ウエストンは、環境プラグマティズムの主概念として「多元論」を主張している。ウエストンを批判したカッツも「多元論」の主張に対して、それは容認している。両者に加えて、ノートン、ライト等プラグマティスト達が主張する多元論は、道徳的原理の多元性を認める多元論である。また、キャリコットは道徳的一元論者でありながら、「全体論」という考えを持っている。この全体論は、個別をみるというわけではない。ライトは、キャリコットの多元論批判に対するヴァーナー・G(Varner, Gary)の応答を考えてみるとして、生態系はそれ自身の福利を持っていないのだから全体論的な環境倫理学は多元論にならざるをえない。もし、生態系に直接的な道徳的重要性があるということが説得力を持つとしたら、それは、個々の人間及び高等動物、あるいはすべての生きている有機体には直接的な道徳的重要性あるというために与えられている理由よりも、多様な理由のために違いないと述べている。たとえ、全体論の立場は多元論になるというヴァーナーの結論を認めないとしても、ここでの価値づけの多元論と、カッツによる価値多元論の違いは明白である、とライトは述べている。

またカッツによれば、ウエストンは、プラグマティストにとっての価値は多元的で相関的であるということを強調している。このことは、多くの価値を自然世界の中には見つけることができる、ということである。これらの価値は、様々な方法で、我々が持つ他の価値や利害や欲求と相互に作用し合っている。全体論的な生態系では、多様性や安定性や美が見出され、それが環境保護の議論として役立つ、としている。このことに対してカッツは、包括的で一つの抽象的な「内在的価値」が、環境保護を正当化することを願う哲学者によって探し求められているのではないという。そして、多くのプラグマティック的な価値は、生態学であるにもかかわらず、哲学者や環境自然科学者によって明瞭に解釈されており、これは、生態学システムの素晴らしい機能性に寄与している価値だ、と述べている。(EP, pp.312-313)

更に、カッツ自身も現代の環境哲学は、環境プラグマティズムのように多元論的で相関的だと示唆しているので、この点においては、ウエストン、カッツ両者の見解は一致している。このようにカッツも自然世界の中には多くの価値を見つけることができるとして、これらの価値は多様であり、適切な環境倫理学はこれを否定しないという見解で一致している。

そしてライトによれば、カッツがここで言及している価値多元論については、環境倫理学者が否定しない多元論であり、そこでは、“自然には多くの価値が見出され、これらの数々の価値は、他の価値と様々な方法で相互関係している”ということが否定されていない。そして、「多様性、安定性、美」といったいろいろな価値のすべてが環境保護を支持する議論に貢献する、とカッツは言う。このカッツの言及に対してライトは、これをウエストンが提唱する「多元論」の意味だと示唆するのは間違っているのであり、彼の多元論は、自然の価値に関するいろいろな種類の記述法が存在するということではなく、自然の価値を価値づける単一の方法が無いということである、という。ここでの区別は、再び一元論と多元論の論争で分かれたとしている。そして、ウエストンが「環境倫理学」において行おうとしている一般的な改善を望んだことは、プラグマティズムとはみなせないとのカッツの主張は間違っている、とライトは言う。またライトは、プラグマティズムのみが適正で、実用的な環境倫理学を提供しうると、ウエストンが言ったのなら間違っていると言う。(EP, pp.328-329)

このように、提言したことに対しての間違いが指摘されたことから、両者の主張に同意する立場が得られなかったとしている。そして、プラグマティズムには哲学とメタ哲学の二つの種類（注:詳細はp.140～ライトの価値多元論の中で説明する)があり、このメタ哲学の環境プラグマティズムは、プラグマティズムを環境哲学が行われるべき規則や原則を供給するものとしてプラグマティズムを扱う(EP, p.330)としている。

以上、ウエストンとカッツの「価値多元論」は、共通しているようにみえる点があるが、自然の「内在的価値」をめぐる捉え方でもみられた相違が、「多元論」でもみられるのである。ここで、ウエストンとカッツの「価値多元論」に関する類似点と相違点についてまとめておく。両者の類似点としては、ウエストンは多元論を主張し、カッツはそれを容認している。そして、プラグマティストにとっての価値は多元的で相関的であるという点も、両者は一致している。相違点としては、カッツの多元論は、環境倫理学が否定しない多元論であり、すなわち、自然には多くの価値が見出され、他の価値と様々な方法で相互に関係しているというものである。プラグマティズムのみが適正で、実用的な環境倫理学を提供しうるという、ウエストンの主張は間違いであり、このように提言したことに対しての間違いが指摘されたことから、両者の主張に同意する立場が得られなかったとしている。次に、ノートンの「価値多元論」を取り上げる。

2. ノートンの価値多元論 ―「収束仮説」と「弱い人間中心主義」

ノートンの価値多元論について、「収束仮説」(convergence-hypothesis)と「弱い人間中心主義」(weak anthropocentrism)を基にして述べる。ノートンについては、すでに「土地倫理」の解釈で取り上げたので繰り返しになる点があるが、レオポルドは、ノートンの「収束仮説」にしたがって行動をしていたとされ、この仮説によれば人類の利益と自然の利益は短期間においてのみ異なる（EP, p.99）ということである。このことについては、「渡り鳥の生息地(湿地)の保護」を例にとって、環境倫理学の歴史が示すところによれば、「何を重視するかという価値観や世界観のレベルでは、意見は鋭く対立している。ところが具体的な実践という点では、こうした対立は消失する」、とノートンの考えを岡本は紹介している。そのノートンの「収束仮説」については、人間という「種」の生命共同体での不可欠な役割の占める割合を認識したなら、人間の長期的利益は自然の「利益」と一致する。すなわち、自然をめぐる価値上の相違あるいは対立が存在するにもかかわらず、政策においては合意するということであり、例えば、環境保護主義者と狩猟者は、野生生物にどのような価値を置くかで見解が異なっていても、野生生物の生息地を守るという共通目標を設定することができ、政策合意できる。この概念については、環境プラグマティズムの主張を具体的に示すだけでなく、多元論を理解する上でも有効な概念である（岡本 2012, pp.206-207）、と岡本は言う。

そこでノートンは、生命の充実を守るということは、遠い未来の人類や進化した後継者たちを守るということであり、その逆もまた然りであるという。文化についても、私たちの文化が生き延びるかどうかは、私たちが依存する生態系が生き延びるかどうかにかかってくるので、個人が如何なる世界の概念を採用するかよりも、環境管理を応用するにあたっての長期的視野に立つ方がより重要である（EP, p.100）と述べている。しかし、ノートンは、本当に遠い将来を見据えた視野で議論をしているのかは疑問であるとして、ノートン自身は人間中心主義者であったが、人間中心主義の立場を批判していた環境倫理学における「二項対立図式」を前提にすると、「道徳的一元論」に戻ることになるとしている。そこでノートンは、人間中心主義を「強い」と「弱い」という形態に分けて、環境保護を可能にする「弱い人間中心主義」を擁護したのである。この「弱い人間中心主義」とは、人間中心主義をとなえながら、人間と自然の調和的な関係を強調し、精神的で美的な価値を求めるといったことを重視すること、そして、個人的欲望より、精神的な利益への許容や非個人的な立場で全体の利益を考慮して、長期的視野に立ち、未来世代への配慮や責務といった点にまで考えを及ぼすのが「弱い人間中心主義」の特長である。

ノートンの議論は、「収束仮説」と「弱い人間中心主義」の議論が主ではあるが、環境倫理学における頑なな二項対立の議論展開や、決め手に欠く環境プラグマティズムの方策等に対して、膠着した議論展開の中で小さくとも風穴を開けたのではないか、と筆者は考える。このように、ノートンのとなえた「弱い人間中心主義」と

「収束仮説」は、プラグマティストで多元論者のノートンが、非一人間中心主義で一元論と二項対立図式に傾きがちな環境倫理学に対して、環境倫理学の中にも多元論的な要素があることを見出し、「弱い人間中心主義」と「収束仮説」を価値多元論の中核概念として、環境プラグマティズムは環境倫理学と対立する立場ではないということを示している。

その一例としては、レオポルドに対して「収束仮説」にしたがって行動したとの説については、仮説の域を超えないだろうが、確かに、人類の利益と自然の利益は短期間のみ異なる。長期的スパンでみると一致するという点については、肯定的には捉えたいが楽観的な向きもあるのではないかと筆者は考える。以上、ノートンの「価値多元論」について、「弱い人間中心主義」と「収束仮説」を基にして述べた。但しノートンは、EP 以後の 2005 年、2008 年の著作において、「収束仮説」をある意味では用無しにする新たな立場を述べ始めているが、現在でもその有効性を否定したり、それを完全に捨て去ったりしているわけではない(神崎　2009, p.147)、と神崎は言う。その他、2005 年の著作では、近年のノートンの環境哲学には、環境プラグマティズム的な現実の問題解決指向からはみ出していくような部分が認められる傾向にある(神崎　2011, p.309)、と神崎は付け加えている。次に、「収束仮説」を支持しているライトの「価値多元論」を取り上げる。

3.　ライトの価値多元論―メタ理論的多元論と「寛容の原理」―

「ウエストン－カッツ論争」を整理・調停したライトは、「多元論」を捉え直して、「寛容の原理」[11]をとなえた。ライトは、プラグマティズムには「哲学」と「メタ哲学」という二つの種類があり、そのプラグマティズムの二つの形態として、「メタ哲学的環境プラグマティズム」(meta-philosophical environmental pragmatism)と「哲学的環境プラグマティズム」(philosophical environmental-pragmatism)の区別に基づいて議論を展開する。この二種類の区別については、ウエストンが行っていたのであれば、カッツは、ウエストンの議論に同意していただろう、とライトは考える。

このメタ哲学的の「メタ」については、哲学的とメタ哲学的の区別を、ライトは定義付けを明確にしていない。メタレベルとは、思考のレベルを階層分けする時に直接的なレベルとその上のレベルをメタとして、より一層根元的なという意味に使う。理論間の整合性や妥当性を考える時にメタレベルといった上の概念操作が必要となる。思考を思考するレベルがメタレベルといえる。そして、偏らないというのがプラグマティックな考えだが、環境プラグマティズムが何かの中身について語っているものではなく、思考の方法について語っているものである。すなわち、今迄の思考スタイル自体が偏っていることを問題にしていたのである。今迄の思考をしているのは哲学的レベルであり、それが行き過ぎで間違っていたのではないかというのがメタ哲学的なレベルである。

---

11 寛容の原理(principle of tolerance)とは、カルナップ・R が提唱した原理である。この理念は、普遍的絶対的な真理や価値に理性によって到達するための手段なのか、あるいは根源的な多元主義・相対主義の当然の帰結なのかという、根本的なアポリアを含意し続けてきた。日常生活全般にわたって文化的多元主義が問題となった現代では、社会的寛容が問い直され、寛容概念の再構築が求められている(岩波哲学・思想事典 p.297)。

メタ哲学的環境プラグマティスト達は、プラグマティズムを、環境哲学の導きとなる諸規則や諸原則を供給するものとして扱う。そしてこの諸規則と諸原則は、カッツの言うところの環境哲学の中で働いている諸々の徳を促進する、とライトは言う。ライトは、メタ哲学的プラグマティズムの最も重要な点については、ある形態の理論化に対する過去の偏見を放棄することにあると考えている。カッツはこの論争の中でそのような偏見を依然として抱いている。このことについてライトは、環境問題における規範的な問題点の評価とコミュニケーションにある種の多元論を受け入れることにあると言う。しかしこれは、モラル・リアリズムや基礎づけ主義の如何なる可能性もないことを認めるというポスト・モダンの相対主義に関与する、独断的な多元論ではなく、メタ哲学的なものであり、環境倫理学において豊富な基礎づけ主義を定式化するという考えを、必ずしも排除するものではない、とライトは考える。

またライトは、メタ哲学的プラグマティズムは、基礎を見出すプロジェクトに携わっておらず、このプロジェクトは基礎が確保されるものとなるまで、環境問題に取り組む活動家や学者のコミュニティへの哲学的貢献を失速させるという。それゆえに、この形の環境プラグマティズムには「寛容の原理」を提供する。このことについてライトは、価値づけに関する重なりあう理論間の決着がつかない衝突を避けるために必要となるとしている。また「寛容の原理」は、例えば、ヴァーナーが全体論を軌道に乗せるために不可欠だとする多元論を与えるためにも必要になる、とライトは言う。そして、多元論的な調和が達成されるまでは、メタ哲学的な規則が、生物相、個体の集合体、他の人間たちの価値づけの全体像が調和ある状態になるか、理論家たちの間で意見交換が必要となる、とライトは考える。筆者は、この「寛容の原理」には節度と限界が必要であることは言うまでもなく、すべてを受け容れるということは問題解決にはならないと考える。

そして、もう一方の「哲学的環境プラグマティズム」について、EPの中でも古典的なアメリカ哲学の伝統に則って仕事をする学者たちの自分の領域で確立された既存の「環境倫理学」の理論と闘って、新しい立場を創り出そうとする試みである、とライトは言う。この立場への試みは、環境問題に対して、伝統的なプラグマティズムをそのまま適用したものといえる。すなわち、自然の「内在的価値」への批判や、「人間中心主義」を擁護したのは、この「哲学的環境プラグマティズム」である。要するにカッツが避けたがっているのは、伝統的なプラグマティズムを直接環境問題に適用することであるのだが、ウエストンの主張する「メタ哲学的プラグマティスト」の要素にも惹きつけられているとされている。このことについてライトは、自身はメタ哲学的環境プラグマティストのつもりだが、問題によっては時々密かに哲学的環境プラグマティストになるという曖昧な立場を表明している。(EP., pp.329-330)

そこでライトは、重要なこととした上で、自身がメタ哲学的プラグマティズムに関与しているからこそ、哲学的プラグマティズムを適用する時と場所を好きに選べる能力を与えられていると言う。また、諸々の論点に関しては、直接的なプラグマティズムが限定的であることと、実質的すぎて、行為を導く道徳的原理の構築の助けにならないことをライトは気づいていて、この論争の当事者たちはどうなるか。この分裂についてどう応えるかと、ライトは問う。

またウエストンに対しては、メタ哲学的プラグマティストであり、そのことは倫理的な“沼地”に上手く関与していることから申し分なく理解できる。倫理学が環境問題にどう関係するべきかという像については鮮明ではない、とライトは考えている。またライトは、如何なる種類の一元論の運動に対してでも懐疑的になれるとした上で、自然における価値づけの多様さを認めながらも、それにもかかわらずそれは、価値づけの一方式を見つけ出す試みであるという。ウエストンの言うように、「私たちは多くの違った視点を、均一化の試みに執着するよりも、それらの違う観点を統合するような代替となる方策の選択肢を作りだすことができる」ということを挙げている。これについては、「重要な論点は経験的な複数の疑問点に依存しており、その答えはまだ明確ではない」として、このような領域に足を踏み込む時に、意図するべき取り組み方である、とライトは述べている。

ライトは、この文脈において、私たちは、ウエストンの「内在的価値」への攻撃が、ウエストンの「哲学的プラグマティズム」ではなく、彼の「メタ哲学的プラグマティズム」と結びついたことが理解できるとして、この内在的価値の追求は、日常世界の環境政策決定に表れている道徳の沼地に哲学者達が入ることの妨げとなるとしている。その上で、内在的価値、非ー人間中心主義、道徳的一元論への関与は、ウエストンが引用している、ノートンの環境の保全ー保存論争の分析例からも分かるように、重要な環境問題の違う側面を寛大に解釈することの妨げとなるという。

しかし、ここでライトが忘れてはならないとしているのは、ウエストンは実質的には哲学的プラグマティストとしての視点を通してメタ哲学的プラグマティズムの視点に至ったということである。その視点によって、ウエストンは、「もし人が倫理学を、誰かが考えたり感じたりすることとは独立した本当の真理」を探究することに懐疑的になったのである（EP, p.321)という。しかし、倫理的ディレンマの沼地へ向かう現実主義者の取り組みの中では、基礎づけへの関与をはっきりと言うことができないし、そのことを信じる根拠が無い、とライトは考えている。(EP, pp.331-332)

そしてライトは、カッツが指摘しているように、基礎づけは、それが完全なものでなくとも行動する価値はあり得るし、少なくとも、基礎づけの発見による理想は重要で、異なる価値づけの方法の間において、手に負えないように見えるディレンマに直面しても、我々を働かせ続けるのに十分なほど重要である、と考えている。このような異なる価値づけ法は、異なる種類の価値の認識を通して明らかになると、ライトは言う。またライトは、カッツが基礎づけへの関与の中で探している「堅固な足場」を、人間中心主義は与えられないという主張は疑わしいとはいえ、メタ哲学的プラグマティストは基礎づけの理解をカッツと共有できる、としている。

そしてライトは、メタ哲学的プラグマティストは、いくつかの事例では抽象化にも関与できるかも知れず、そして抽象化の方策は、公共政策決定の沼地の中にいる環境活動家に利益を与えるかもしれないと言う。ウエストンの議論である「プラグマティズムは一般原則に関する道徳的な思索の代わりに具体的な状況を理論化する」について、原生自然をそのものとして守るべきという主張を避けるという議論に同意できるにもかかわらず、その主張を擁護したいと思い描くこともできる。原生自然とは何かという確固たる共通理解があり、原生自然地域の特定がなされ、基本的な倫理的な枠組みに基づく抽象的な原生自然の価値を主張するための場所もある、とライトは見込んでいる。このように、原生自然の重要性を議論するだけで、その保存を主張できる人もいないし、そのような議論は価値がないと主張できる人もいないと言う。そしてライトは、この原生自然の重要性を抽象的に明らかにすることは、一つの場所を提供できるということと、そこは重要な社会問題への異なる利害関心を持つ人々が交渉の基盤を見出すことのできる場所となる、としている。

またライトは、カッツは哲学的なプラグマティストではなく、メタ哲学的プラグマティストとはかなり整合的であるという。ライトがかなり整合的というわけは、環境倫理学における適正さ、正当性、それに具体性に対するカッツの献身がメタ哲学的にプラグマティックなことであるにせよ、時折カッツはこの見解と一致しない立場を受け入れているからである。例えばカッツの非ー人間中心主義に対する強い執着は、カッツのメタ哲学への共感としてライトが捉えているものの支えにはならない、としている。

前出の自然の「内在的価値」の議論で取り上げたのは、ウエストンの当初からの主張である、環境哲学者は自然の中に見出された価値を明晰化するためには、伝記や詩に目を向けるべきだという主張である。カッツもそれに同意するだろう、とライトは言う。しかし、論争の中でカッツがこの点に賛同していたら、カッツのメタ哲学的プラグマティストとしての信用を固める支えになっただろうと、ライトは考える。ライトが重要とするウエストンの論点は、自然を価値づける際に多元論が開かれているならば、「哲学特有の認識論的方法」だけが、自然の価値を明らかにすることができる方法ではない、ということである。他の方法での価値表現を、メタ哲学的プラグマティズムが広く認めていることは、それが環境価値に関する関係における多元論に関与していることを明らかにする。もし我々が排他的な道徳一元論者でなければ、自然の価値表現は哲学者の独占的な領域であり、それゆえに非ー哲学的な言葉での自然の価値に関する関係には欠陥があるという立場をとろうとしない。ここでライトは再び、同様の思考実験をカッツに関して行うことができるとして、自然の価値の多様性についての関係を成す場合には「詩」がより有効だと分かり、カッツのメタ哲学への共感があれば、カッツはこのことを問題ないとみなすと述べている。

そこでライトは、他の論者として一元論者のキャリコットの現在の立場について、彼の仕事はウエストンとカッツの二人にとっても重要であり、この両者とは対照的に、キャリコットはやはりメタ哲学プラグマティストでも哲学的プラグマティストでもないという。キャリコットは、哲学的プラグマティズムの理論的多元論とメタ哲学的プラグマティズムのメタ理論的多元論を両方とも否定した。このことは彼の著作である『地球の洞察』(2009)の中で示された、「文化の多様性」に対するキャリコットの関与からすると驚くべきことであり、依然としてキャリコットはレオポルド派の非ー人間中心主義、全体論、一元論に関与している、とライトは言う。ライトによれば、キャリコットにとっては、人間の経験に関するこれらの二つの側面は相反するものではなく、それぞれが現れつつある世界的な生態学の意識の一部となるものなのだ、との見解を示している。(EP., pp.333-334)

そしてキャリコットは、レオポルドに立ち返り、生態学に確固たる基礎を持ち、生態学が相対性理論や量子論(この二つをときには合わせて、「新物理学」と呼ぶ)と合わさって、その新物理学に支持されて、ポスト・モダンの科学的世界観を生み出しつつあるということだ(キャリコット 2009, p.57)と述べている。またキャリコットは、「環境倫理」には二つの考え方があるとしている。その一つの考え方としては、それは多文化を横断するものであり、生態学と新物理学に基礎づけられ、現代科学という知のリングァ・フランカ(意思疎通のための混成共通語)で表現されるものだ、としている。もう一つの考え方としてキャリコットは、「環境倫理は、国際的で科学的な基盤を持つ環境倫理に共鳴して、それに明確な表現を与えてくれる多様で伝統的な環境倫理を復活させることだ」と、その重要さを認めている。そして、我々は一つの惑星に住む一つの生物種であり、我々の世界観は一つであり、それに結びついた環境倫理も一つだ、とキャリコットは言う。この考え方の一面では、我々には複数の復活した伝統的な世界観があり、それらと結びついた環境倫理も複数あると、キャリコットは考える。このような考え方は、キャリコットの「一と多問題」であり、彼は、生態学と新物理学に基づく単一の文化横断的な環境倫理を持つ必要があるとする。ライトによれば、一と多は、世界規模の危機に直面している一つの種であるという人間の性質と、多くの文化や異なる場所に居る多くの人々がいるという歴史的事実をそれぞれ代表している。そしてキャリコットは、文化の多様性には、生物の多様性が反映されており、そもそも生物の多様性に基づいている。この生物の多様性は、生物種を統合する生態系と対を成し、それと補完し合う関係にあることを忘れてはならないと言う。(キャリコット ibid., pp.61-63)

ここでの一元論によって、キャリコットは哲学的なプラグマティストから除外される。それにもかかわらず支配的なものとして表れてきた彼のレオポルド解釈が、キャリコットを哲学的なプラグマティストから除外したのと同じことである、とライトは言う。またメタ哲学的にも、この文化多元論への動きは、適正な環境倫理学とみなされるものに関するウエストンとカッツの見解の中核にあるとライトが主張してきた、豊かなメタ理論的プラグマティズムの多元論を我々にもたらしはしない。キャリコットの中にあるこれらの競合する世界の体制は、すべて土地倫理の非－人間中心主義全体論的見解というレンズを通して読まれる。この理論は、キャリコットが「環境哲学のロゼッタストーン(曖昧さの回避)」と呼ぶものになる。このように環境哲学の尺度として非－人間中心主義的な全体論を用いることは、メタ哲学の多様な取り組みに対する寛容を行うことにはならず、分断に向けての線を引くことになる、とライトは述べている。

ライトは、メタ哲学的プラグマティズムの立場から キャリコットが調べているいくつかの見解の比較研究の妥当性に対して疑問を呈する。これらの様々に異なる環境倫理へのキャリコットの評定は、生態学に基づく非－人間中心主義的な倫理にどれだけ匹敵するかしないかの程度に基づいていることが多い、とライトは言う。しかし、もしこの目標に関する単一のビジョンに疑問を呈するならば、我々はこれらの評定にいくつかの疑問を呈することになる。メタ哲学的プラグマティストは、そのような一つの倫理に抵抗する。あるいは少なくとも、異なる環境倫理の有効性を判断するための他の根拠を探す、とライトの見解を述べている。ライトによれば、EP では、環境プラグマティズムについての多様な例を提供してきた。また、多様な方法で、これらの理論のいろいろな部分に焦点を当ててきた、という。特にメタ哲学的環境プラグマティズムに関しては、メタ理論的多元論の受容、問題を文脈化することの重要性、そして不確定な事態に対する備えを、我々は理解することができる。これらの要素の多くが、ウエストン－カッツのやりとりにおいて作動し、そしてそのすべてが環境倫理を環境問題に使いものになる解決

法を次の世紀に届けるために重要であり続けるだろう、とライトは述べている。(EP, p.334-335)

ここまでライトの多元論の議論を見てきた中で、ライトは多元論を捉え直すことでその相違を強調した。そして、全体論的な多元論と、メタ理論的多元論の二つに分けて、「プラグマティズム」も二つの形態としての区別に基づいた議論展開をしてきた。全体的な多元論とは、自然には多様な価値が見出されて、他の価値と相互に作用し合うというような多元論であり、メタ理論的多元論とは、多様な理論間の多元性を主張して、多くの異なりと重なりといった理論を認めるというような多元論のことである。ライトは、メタ理論的多元論をとなえるメタ理論的プラグマティズムの提唱者である。そしてライトは、全体論者の立場は必要上、多元論者でなければならないという結論を認めずとも、ここに言及された評価の多元論とカッツの価値多元論の観念との間の違いは明確だとしている。

このメタ理論的多元論は、「寛容の原理」を要求する。「寛容の原理」とは、自由な議論展開の中において、他の理論や立場に対して理解を示すというような原理である。ライトとウエストンは、メタ理論的多元論の提唱者であり、ウエストンとカッツもメタ哲学的プラグマティストとしてライトは認めている。カッツは、全体論的多元論をとなえるメタ理論的プラグマティズムの提唱者とされている。カッツも容認しているという環境倫理学での全体論的な多元論は、自然には多様な価値が見出されて、他の価値と相互に作用し合うという多元論である。それに対して、メタ理論的多元論は、多様な理論間の多元性を主張しているが、「寛容の原理」を要求したとしてもライトの言うように、寛容には限界があり、メタ哲学的プラグマティストはすべての理論や理論化を平等に受け入れるわけではないという点については、筆者もそのように考える。また環境倫理学者のキャリコットは、全体論者ではあるがプラグマティストではないので二つの形態のどちらにも属さない。以上、ライトの価値多元論について述べた。次章では、価値多元論が陥りやすいとされている「相対主義」を取り上げる。

第９章　多元論と相対主義について

ここまで見てきた「価値多元論」は、「相対主義」(relativism)に陥りやすいといわれるが、果たしてそうなのか。第９章では、多元論は相対主義に陥るかという観点から、ローティ、デ・ジャルダン等の議論と、プラグマティストとはされていないが、ライトの議論に繋げる論者として、山脇直司の「公共哲学」、そして桑子敏雄の「合意形成論」を取り上げて、ライトを中心とした価値多元論の行方について両議論を参照しながら、その具体的な展開を考察する。

1.　相対主義について－倫理相対主義と主観的相対主義－

相対主義とは、真偽や善悪の判断が、判断主体の属性に相対的だという主張を意味する。すなわち、多様な意見に対して、どれか一つだけが「よい」のではなく、いろいろあっても構わないということである。それは、「倫理相対主義」と「主観的相対主義」[12] に分類される。倫理相対主義は、どのような道徳が社会・文化に相対的であるか、という事実の認識から独立していて、自分たちとは異なる価値観に対して、自分たちの道徳規範によって評価してはならないというものである。そして、他人への寛容を要求する。主観的相対主義とは、真理が社会や文化に応じて異なり、多様な人間の経験や

---

[12] 倫理相対主義は、道徳的原理や倫理的規範に関していて、プラグマティズムの問題解決における文脈依存的な性質を指している。主観的相対主義は、真理が個人・時代・文化・社会に応じて異なるとする立場で、多様な人間の経験や欲求に依拠して、他の様々な経験や欲求、そして偶然性を相容れない。このような違いはあるが、両者とも相対主義に陥ることになる(岩波哲学・思想事典 p.975 一部参照)。

欲求に依拠するという立場である。その違いについては、簡単に言えば、問題解決に対して文脈依存的か主観主義中心かということになる。すなわち、価値判断に対して、自分の価値観と違う価値観への寛容さと、多様な社会や文化に応じて価値観が異なるという違いがみられる。

環境プラグマティズムは、環境倫理学を批判して、それに変わる新たな思想を提唱したのだが、果たしてその役割を果たしたのだろうか。この思想はどこまで有効なのだろうか。それから、プラグマティズム、そして環境プラグマティズムは相対主義に陥るのだろうか。このように、環境プラグマティズムに対しても根強い批判がある。ここまでのEPの中での「ウエストン－カッツ論争」は、両者の主張や互いの批判の展開はプラグマティズム的には実践的ではなく理論的ということである。このことは、主に哲学理論上の論争になっていて、環境政策面での議論はEPの中で取り上げられてはいるが、事例紹介に止められている感がある。ウエストンは従来の環境倫理学を誤解して、自然の「内在的価値」に対する批判を重要視している。それから、積極的であった「多元論」や「相関性」という特徴は、従来の環境倫理学にもみられた。前出のキャリコットも「全体論」をとなえながら、多元論的な価値を環境倫理学において求めていたのである。

筆者は、環境プラグマティズムは「環境倫理学」を批判しすぎたのではないか、と考える。逆に、環境倫理学者も特定の事柄に執着していると考える。環境プラグマティズムを、「環境倫理学の第二段階」と岡本は位置づけたが、現段階において、環境プラグマティズムの有効性について、明確な答えは出ていない。その一つの理由として、ウエストンとカッツといったプラグマティスト同士で意見が纏まっていないという点がある。それと EP 編纂後 30 年近くの時を経ても、論争は解決できない状況にある。しかし、意見が纏まらないことが、新しい段階を標榜できないということはなく、議論構造自体が新しい議論であるなら、実践面の展開は別としても、議論としては第二段階といえるのではないだろうか。少なくとも環境プラグマティズムは旧来の環境倫理学を批判して、それに変わる新たな思想を提唱したことは間違いないことである。

そして、主観的相対主義については、ウエストンのプラグマティズムは「主観主義」の一形態であり、プラグマティズムは主観的で人間の主観に限定されるが、その活動が価値づけられていることは人間の主観の活動とみなす(EP, p.285)、と前述のカッツのウエストン批判の中で述べられている。そして、「プラグマティズムは、価値に関しては『粗野な人間中心主義』に依拠していないかもしれないが、価値の相対主義という結果に行き着くことになるだろう」(EP, p.315)、とカッツは述べている。こうしたプラグマティズムは、「主観相対主義の泥沼」に導くとカッツは断言する。そして、カッツのウエストンへの批判の矛先は別にも点在し、ウエストンの言う、「ほとんどの誰もが自然に何らかの価値を認めていて、自然を全く気にかけないというケースは存在せず、共通の基盤は残されている」(EP, p.302)、という独断的な主張は、中身のない見解のむなしい響きを放っている、とカッツは考えたのである。このことは、環境を保護するためには、多様な人間の欲求や経験によって、自然の価値を基礎づけるわけにはいかないということだといえる。

ここで「相対主義」についてローティを取り上げる。ローティは、「相対主義」批判の矢面に立った論者である。ローティは、相対主義の見解として、「それは、あるトピック―どんなトピックでも構わないが—についての信念はそれがどんなものであれ、そのトピックをめぐる他のすべての信念と同じくらいによいものである」と考えるというのが、ローティの示した見解である。しかし、誰もこのような見解は支持しないとして、「重要なトピックをめぐって対立する二つの見解を、共に等しくてよいと考える人間などは、どこにもいない」、とローティは否定している。そして、相対主義者と呼ばれる哲学者とは、そうした対立する意見を選択する根拠が、考えられてきたほど計算可能なものではないと主張する人々のことである(ローティ([1982] 2014), p.456)、とローティは言う。また渡辺幹雄は、相対主義について、「『哲学と自然の鏡』以来、ローティが一貫して批判してきた、そして葬り去りたいと願ってきたのが、まさに、相対主義を必然的に招いた哲学的伝統だからである」と述べている。どうして、ローティが相対主義の誹りを受けるのだろうか。渡辺は、私見とした上で「ローティを相対主義者呼ばわりして悦に入っているのは、恐らくローティをまともに読んでいない人たちである」(渡辺 2012, p.215)という。また岡本は、もともとプラグマティズムには、相対主義批判はつきものだとして、ローティの場合には、むしろ相対主義批判をみずから招き入れた感があると述べて、その原因としては、「ローティは、科学と人文学と芸術が、どれも合理的という点では変わらない」(岡本 2012, p.68)、と考えたことを指摘している。これはいわゆる「ボキャブラリー主義」[13]である

13 ローティが「アンチ」という形ではなく、積極的に提唱するのがボキャブラリー主義であり、自分の「ボキャブラリー」によって魅力的な物語を制作すること。ボキャブラリーというのは、ある個人や文学作品などで、使われている単語の総体を指している。ボキャブラリーが豊かというような人を評価することが多い(岡本 2012, p.56)。

る。それとローティは、「自文化中心主義」(ethnocentrism)[14]の見解を持っている。そしてローティは、プラグマティズムから相対主義を連想するのは、プラグマティズムの哲学的理論に対する態度と、本来の理論に対する態度を混同している結果である(ローティ([1982] 2014), p.458)と述べている。このように考えると、相対主義を執拗に問題として取り上げて批判するような人たちは、形而上学的な議論を好む人たちではないだろうか。それ以外の人にとっては何でもないことと筆者は考える。

またデ・ジャルダンは、プラグマティズムの問題解決における文脈依存的な性質が、プラグマティズムは完全に倫理的相対主義を脱しえないことを意味するとして、倫理的評価のあれかこれかといった二分法や、真偽の二分法に適合しなければならないと仮定する場合に限って、プラグマティックな解決策は相対主義的であると述べている。しかし、プラグマティズムは一元論的な価値観を否定している。アリストテレスがとなえた「何が真かではなく、我々は何を成すべきかを判断する実践的な理性にかかわるのが倫理学である」という助言に立ち返ることができる。そして、倫理学の基準は真理であることよりもむしろ合理的であることにある、とデ・ジャルダンは述べている。プラグマティストにとっては、二つの両立しえない倫理的判断が、それぞれ等しく合理的でありうる。一方が誤りで

14 ローティが自分のことを自文化中心主義と呼んでいたことについては、一見するとローティ自身の「物語」であるアメリカ的なユートピアニズムであり、非欧米の文化圏の人間は締め出されてしまうような、自国中心的な考え方に見える。しかし、他者を理解不能なものとして排除するのではなく、人間の思考するものであれば解釈が不可能なものは存在せず、必ず自文化へと翻訳することが可能であるとしている(大賀 2009, pp.327-328)。

なくてはならないのは、一元論者にとってだけである。片方だけが有効でありうることから、倫理的一元論者の間には、対立と闘争と勝利を強く求める傾向がある。プラグマティストが主張するように、多くの競合する視点が等しく合理的であれば、寛容、尊敬、妥協と共存に向かうだろう、とデ・ジャルダンは言う。また、デ・ジャルダンは、プラグマティストには、知的で道徳的な公開性、知的で道徳的な配慮、細部へのこだわりといった、合理的であることの基準が存在し、この基準こそがプラグマティズムが倫理相対主義者に堕落することを防いでいる(デ・ジャルダン 2005, pp.414-415)、と彼らは主張する。以上、ローティの相対主義に関する議論と倫理相対主義に対する、デ・ジャルダンの議論を取り上げた。ここで、相対主義に関する議論を纏める。

結局、ウエストンは、自然の「内在的価値」を批判しながら、多様性を認めて多元論とそれに伴う相対主義をとなえた。カッツはこれに対して、相対主義に陥るしかないとして、プラグマティズムは「主観的相対主義の泥沼」に導くと断言している。しかし、それが「主観的相対主義」＝誤りになるわけではないという。ローティは、プラグマティズムから相対主義を連想するのは、プラグマティズムの哲学的理論に対する態度と、本来の理論に対する態度を混同している結果であると言う。また、デ・ジャルダンは、プラグマティズムの問題解決における文脈依存的な性質が、プラグマティズムは完全に倫理的相対主義を脱しえないことを意味するという。このようなプラグマティスト達は、「倫理的相対主義」であるといった批判に対して反論する。倫理的評価のあれかこれかといった二分法や、真偽の二分法に適合しなければならないと仮定する場合に限って、プラグマティックな解決策は相対主義的であるとしている。今まで見てきたように、環境プラグマティズムは価値多元論を認めるだけに止まらず、あらゆる場面において、その文脈において柔軟にどういう価値を優先させるかを問題にしている。逆にあらゆる場面や文脈に偏在するような価値は排斥しているのである。

また多元論は、相対主義に陥ることになるか、ということについては、どのような時に相対主義に陥るかということが問題となる。それは、具体的な環境問題等において、多様な立場の人々が、寛容で穏健な対応をとり、それぞれが正しい考えだと主張すれば、結局は意見が纏まらない。どのようにして「同意」できるのかが問題となる。相対主義を極端に推し進めるなら、どのような信念も同じように正しいとする立場になる。非合理的なところに陥るし、本当に正しいことが見えなくなり、相互理解ができなくなる。こうなると多元論が相対主義に陥るという短所となる。

一方、民主的にいろいろな意見を聴き、その意見や考えを尊重して、理性ある判断をすることは、多元論の長所といえる。しかし、人間の理性が絶対的真理に到達しないと、どのような立場も相対主義になる。これに対して普遍主義には知識や規範に関して、何らかの普遍的な原理ないし規範が存在する。また、現実は様々な観点から解明されうるし解明させるべきとの立場を多元論とすれば、現代の相対主義は、そうした立場と重なり合う。相対主義は非整合的であり、相対主義の主張は、自己自身に適用するなら、自己矛盾や自己反駁に陥る。多元論を容認しながら、どうやって意見の調整や合意形成が可能なのか。この点が克服できたら、相対主義に陥らなくて済むのではないだろうか、と筆者は考える。

また、ライトやノートンも多元論を採用して、多元論を容認しながら、どうやって意見の調整や合意形成が可能となるのだろうか。

これを示さないと多元論は相対主義と批判される。環境に関する多様な意見は如何にして収束可能なのか。環境に関しては、具体的な政策だけでなく、根本的な価値判断も多様であり、更に事実をどう理解するかも違う。このような点を考慮して、合意形成への道筋を立てなければならない。民主主義社会は、政治面では厳格な選挙制度と、法律や法案等、採決には多数決の原理が採用されている。多様な意見や考えは、当然あることであり、自由闊達に主張することは、多様な思考は建設的な施策へと展開するだろう。しかし、そこには適切な判断が必要である。この適切な判断が下せるシステムさえ確立できれば、環境プラグマティズムで提唱する多元論は、「公共哲学」と「合意形成」の議論展開により、相対主義に陥ることを防げると筆者は考える。それではこのことに関連して、次に価値多元論の行方について、ライトを中心にした「公共哲学」への展開を視野に入れた議論を取り上げる。

2.　価値多元論の行方ーライトの議論を中心にー

　ウエストンと、そのウエストンに対して批判を展開したカッツも、「多元論」の主張については容認している。キャリコットも「全体論」をとなえながら、多元論的な価値を環境倫理学において求めていた感がある。そう考えると、「多元論」は環境倫理学、環境プラグマティズムの枠を超えた、主流のメソッドといえるのである。ライトは、この多元論を捉え直して、「寛容の原理」を要求するとされる「メタ理論的多元論」を主張した。そして、プラグマティズム自体も、「哲学的プラグマティズム」と「メタ哲学的プラグマティズム」の二つの形態に区別している。このメタ哲学的プラグマティズムは、「メタ理論的多元論」に結びつくことが注目される。

そこでライトは、2002年に論文「現代の環境倫理学－メタ倫理学から公共哲学へ－」（“Contemporary Environmental Ethics: From Meta-ethics to Public Philosophy”)を発表した。その冒頭でライトは、環境倫理学がこれまで「非－人間中心主義」と自然の「内在的価値」に固執してきたことを批判している。そしてこのことは、応用哲学の一分野としての成功を収めていないとの見解を示している。その原因の一つとして、環境倫理学の議論が、価値理論に関する抽象的な諸概念に焦点を当てたことは、環境倫理学を“どのような議論が、その観点を支持するように、人々を道徳的に動機づけるか”という論議から引き離してしまったからである、とライトは考えている。その結果、環境倫理学は、環境がもたらす人間の福祉に関心を持つ専門家たちの連携に失敗し、聴衆に向けたアピールができないために、環境危機の解決に対して哲学的な貢献に失敗したのである(ライト 2002, pp.427-428)。更にライトは、環境問題という差し迫った課題については、価値理論の構築よりも、自然を守るように「動機づける」ことの方が重要であると考えている。そして彼はそれを、環境倫理学の「公共的」な仕事と規定している。ライトは、その「二つの仕事」として、従来の伝統的な仕事と公共的な仕事を挙げている。そして彼は、現在の環境倫理学においては、様々な異なる見解が「収斂」へ向かっていると分析し、このような意見が一つの目的に収斂しつつあるというところでは、公共的な仕事の役割を果たすべきだ(ibid., p. 441）と主張する。それには、様々な意見が、合意形成するように議論することである。

それでは、環境倫理に理解のない人達に対してはどうするか、という課題に対して、それには、その目的を受け容れるような議論を明確に示すことであり、その際における多くの問題に関して、「弱い人間中心主義」を主張することになる、とライトは言う。全体としてライトは、環境倫理学を「メタ哲学から公共哲学へ」と転換させることを企図している。結論として、環境プラグマティズムの主な仕事は、人々の態度や行動、そして政策選好を指示する方向へと動機づけることであり、その必要性を、環境哲学者に印象づけることである（ibid., pp. 445-446）、とライトは考えている。結局、ライトは、環境倫理学の力点を、価値理論から動機づけへと移行したものと考えられる。それを「メタ倫理学から公共哲学へ」の移行として語っているのである。

そしてライトは、2009 年に「方法論的プラグマティズム・多元主義・環境倫理学」（“Methodological Pragmatism, and Pluralism, and Environmental Ethics”）―プラグマティズムの問題解決における文脈依存的な性質― を発表した。その冒頭において、環境倫理学における多元論者的立場(pluralist position)を展開した試みは、象牙の塔を囲む壁の外に出て、ほとんど読まれることのない哲学研究誌を越えて、公共的領域の中に入っていくために、なぜ環境倫理学がよりプラグマティックな仕方で行わなければならないかを擁護する標準的な議論を提示することであった(ライト 2009, p.1)と述べている。ライトは、環境プラグマティズムとして有効なものを、「方法論的環境プラグマティズム」(methodological environmental pragmatism)と考えた。この概念は、もう一つのタイプのプラグマティズムである、多元論的な「メタ哲学的プラグマティズム」をそのように呼んだのである。そしてライトは、自身の立場を「方法論的環境プラグマティスト」と位置づけた。この見解についてライトは、「それは、私の多元論的傾向を共有するが『プラグマティスト』というラベルを受け入れたくない他の環境倫理学者にも開かれている見解だ」(ibid., p.3)としている。またライトは、「方法論的プラグマティズム」は、自由で多元論を認め、他の理論や立場に対して「寛容」であればいいという。

このことについて岡本は、「公共政策を議論するために、多元論の立場に立って寛容の原理を重視することであれば、果たして『プラグマティズム』は必要なのだろうか」と問うている。またライトに対して岡本は、「環境プラグマティズム」を「方法論的プラグマティズム」へと切り詰めていったが、この方向性はむしろ「プラグマティズム」の否定に繋がらないか（岡本 2012, p. 223）、という懸念を示している。筆者もすべて「寛容の原理」を重視して、自由な議論展開の中において、他の理論や立場に対して「寛容」になるだけであれば、多元論の域を超えてしまうのではないかと考える。

そしてライトは、主観主義や相対主義というものを払拭して、環境プラグマティズムとしての仕事は、公共政策に携わり、多様な人々との議論から合意形成を図ることと考えている。その上でライトが行いたいのは、「環境プラグマティズムを手短に擁護し、特に多元論的な利点を明確にしてから、その立場が非プラグマティストでも使用できる道具であることを示しつつ、その発展を見込んで二つの可能な問題を探究することである」(ライト 2009, p.3)と述べている。その二つの可能な問題は、「方法論的プラグマティズム」と「漸進主義」(incrementalism)である。ライトは、「私が取り上げたい第一の論点は『漸進主義』の問題である」とした上で、環境倫理学についてのプラグマティズムの形態は、哲学的理念を公共政策の問題に適用するに際して、「すべてか無か」というアプローチ（“all or nothing” approaches）には従わず、方法論的プラグマティストは、自然についての単一の非－人間中心主義的な道徳的価値を十全に受容することが、環境政策の最良の目的を達成するために認められねばならないということを主張しないとしている。この見解においては、非－人間中心主義の立場からは最初は賛成されないかもしれないが、長期の環境保護は、自然の特殊な経験を通して一般に達成される、環境意識のより広範囲な変革を通じて達成される、とライトは論じた。

例えば、最初の非－人間中心主義的理論の一つである「ディープ・エコロジー」は、「崇高な調和」（sublime proportions）という改宗経験を必要とするものとして、米国の支持者達によって広まったとされる。この「崇高な調和の概念」については、人間と自然の調和においての重要な概念の一つである。

またライトは、環境の持続可能性（environmental sustainability）の達成の必要条件は、多くの人々が、如何にして彼らの世界経験を秩序立て、世界を価値づけるかという点において、ある種の根本的改革を成し遂げることであるという。ライトは、そのような見解に固執することは、多元論的でプラグマティックな自身の方法論とは両立可能であろうか—明らかに両立可能ではないとして、自身が明確化しようと試みている見解は単にプラグマティズムの方法論的形式であって、プラグマティズムの特定の歴史的学派に固執するのではない、という見解を示している。そしてライトは、「如何にして環境倫理学者が、根本的な世界観を変えたいという願望を、達成可能な政策提言を行う必要性と調停させることに取り組めるかについて、一つの提案をさせてほしいとして、自身のアプローチで示唆されているように、プラグマティックな哲学は結局、よりよい政策を創出するための議論に従事しているならば、我々の民主的社会では、公衆の前で、そして恐らく場合によっては政策立案者の前でもその問題を議論する用意がなければならない」(ibid., pp. 8-9)、という見解を述べている。

そこでライトは、環境プラグマティズムの仕事を、公共政策に携わることと考え、公共哲学となることを提唱した。このように公共哲学の仕事は、内部の哲学的議論に終始するだけではなく、より広い場を目指している。しかし、ライトは、このような任務は、何が公衆・政策立案者、あるいはその両方を行動に移させるように動機づけるかという問いに対して何らかの注意を必要とする、という。我々の障壁は、抽象的に考えられた妥当性(validity)と健全性(soundness)についての伝統的な哲学的基準よりも高い、と考えている。そして、「ここで倫理的で政策的な事柄を扱っているのだから、プラグマティックな哲学者の問いは、我々がプラグマティックな議論を形成する際に道徳的動機づけの問題にどの位専心しなければならないかである」、とライトは言う。この道徳的動機づけの問題が、プラグマティックな哲学にとって重大であることに同意するならば、再度、多元論を取り入れる用意がなければならないとしたうえで、ライトは、「この多元論によって我々は、幾つかの形態の枠組みにおいて仮定されうる理論的な一元論に関与せずに、議論に際してある範囲の概念枠組みから選び出すことができる」(ibid., p.10) と述べている。

ここまで述べてきた多元論の議論と、それを基にした実際の公共政策に対して、聴衆の枠組みも多様で異なりうる点からしても、多様な立場の人々が「合意形成」を得ることは簡単ではない。何故かというと、あらかじめ考えていた理論や原則をその問題（環境問題等）に適用しようとすると、意見の不一致が支配的になり、こうした出発点での多様性と抽象性は、合意と理解を妨げるのである。ここに公共政策立案者等のディレンマが募ることになる。その実践の議論の前に、多元論は相対主義に陥るとの観点から、それを回避すると考えられる「公共哲学」と「合意形成論」について、山脇直司と桑子敏雄の文献をライトの議論に繋げうる手引きとして、その概略について次章で取り上げる。そして、環境プラグマティズムの実践として、筆者が本書で取り上げている災害復旧・復興公共事業における合意形成について、ダム建設の実例を基にして考察する。

第 10 章　公共哲学と合意形成について

第 10 章では、多元論は相対主義に陥るとの観点から、それを回避すると考えられる「公共哲学」と「合意形成」について取り上げる。そして、「合意形成論」の環境プラグマティズム的アプローチについて考察する。

1.　公共哲学について

我が国では、幕末から維新後の明治国家政府に大きな影響力持った国民主義的な公共哲学者として福沢諭吉が挙げられる。その明治政府に抗して、地方自治の確立のための独創的な公共哲学をとなえたのが、衆議院議員の田中正造(以下、正造と記す)である。福沢と違い正造の場合、故郷の栃木県という「ローカルな場に即した実践活動」から公共哲学が生まれたのである。正造を有名にしたのは、栃木県と群馬県を跨ぐ渡良瀬川流域で起こった足尾銅山鉱毒事件への抗議活動であった。この活動は、官主導により上から一方的に自然を搾取して経済開発を進めようとした自然環境問題を政府に対抗する「民のエコロジカルな公共哲学」といえる。この思想はまさしく、江戸時代の安藤昌益同様、21 世紀に引き継がれるべき我が国の代表的公共哲学といえる(山脇 2004a, pp.98-100)。

そして公共哲学は、大正デモクラシーの時代を経て、100 年近い年月をかけて、1990 年代の終わり頃から広まり始めた。米国では、1950 年から存在していて、その試みは米国社会の危機に対する処方という問題意識に貫かれている。地球平和や地球環境問題解決をどう実現するかという問題は、グローバルな視点から論ずる最たるものであり、政策論的な展望を持つ公共哲学は、思想と政策をリンクさせる学問とされている。この学問は、「政治、経済、教育、メディア、宗教、その他の社会現象を公共性という観点から考察する学際的な学問」と定義されている。こうした学問が広まった大きな要因としては、「現場での政策」と「哲学的理念」をリンクする役割が期待されてのことである。そして、「公共性」をキーコンセプトとしつつ、現実分析(である論)、規範研究(べき論)、政策論(できる論)の学際的統合によって打破することを目指すという点で、日本での公共哲学の動向は、米国の提唱者以上に野心的といえる(加藤編 2008, pp.478-479)、と山脇は考える。

ここでは、山脇の公共哲学(public philosophy) [15]を取り上げる。公共哲学は、「個人を活かしつつ公共性を開花させる道筋」の根源としている。山脇は、従来の「公私二元論」[16]に代わって新しいパラダイムを考えようというのは、一つの大きな公共哲学の課題だという。この新しいパラダイムにより、近年、新しい公共性の担い手

---

[15] この公共哲学という言葉自身がいつどこで使われ始めたかというと、1950年代に米国のジャーナリストのリップマン・Wが最初に使っている。その次に、1980年代に入って、ベラーやサリバンという人達が、社会科学を「公共哲学」として再定位することを主張した(山脇 2004b, pp.31-32)。

[16] 公私二元論とは、主に政府や国家、司法を公領域とみなし、それ以外を私的領域とみなす考え方であり、この考え方では、経済や宗教もすべて私的なレベルで括られる。そこで山脇は、「三元論的なパラダイムとして、governmentalやofficialという意味での『政府の公』と、市民、国民、住民の総称としての『民の公共』と、私有財産とか営利活動とかプライバシーなどの『私的領域』の３つを区別しつつ、その相互作用を考察するような三元論的なパラダイムを、実体概念としてではなく関係概念として捉えるという見方が必要」（ibid., p.37）と主張している。

として、NPO (非営利組織) やNGO (非政府組織)の実現も可能となり、公共政策の是非の判断は民が持つ、という理論が可能となる。これは、官僚が打ち出した政策であっても、結局は、民の審判を仰ぐというパラダイムなので、民主主義の議論と、官僚主導の政府批判の論拠ともなる(山脇 2004b, pp.37-38)。

現在では、「公共哲学は官から民へ」という標語のもと、公共事業の見直しが叫ばれている。しかし、国の権限を民間に委譲して、官主導の公共事業を止めたとしても、一部の者だけが私腹を肥やすようなことがあってはならず、「社会公共の利益」が担保されなければならない(山脇 2004a, p.8)、と山脇は言う。「政府か市場か」という二項対立はもはや通用しないという主張は、現代の公共哲学の核心部分を成すとした上で、「活私開公」[17]という人間観と、「グローカルな公共哲学の理念」[18]を山脇は提唱している。こうした理念によ

---

17 これは、金泰昌(きむてえちゃん)のとなえた造語であり、戦前に美徳とされた「滅私奉公」、すなわち、個人を犠牲にしてでも公に奉仕するという考え方が、現代には通用しない傾向にあり、合意形成を難しくしている。この「活私開公」という人間観は、個人一人一人が活かされながら民の公共を開花させ、政府の公をできるだけ開かれたものにしていくような「人間—社会」観の必要性を重視し、それを哲学的に存在論的に掘り下げていくのが公共哲学の課題の一つとなるのが願望だとしている(ibid., p.40)。

18 この理念は、実践論に結びつき、グローバリズムとローカリズムの二項対立を越えるような視点が確保出来るもので、私たちが生きる多様な地域性と現場性が尊重される実践的な公共哲学の足場が確保され、グローバルスタンダードで全部を推し量るような思考や、現場無視の空中戦をやるような思考、または上空から見下ろすような思考が拒否されると、多次元的で応答的な「自己—他者—公共世界」理解と結びつき、地球全体が直面している環境、平和、福祉、貧困等の global issue に積極的に取り組む公

って、地域や現場の多様性を無視してグローバルスタンダードを一方的に押しつけるようなグローバリズムにも、全地球的な視野が欠如したローカリズムにも回収できない公共哲学が可能となる(山脇2004b, pp.38-41）としている。そして、公共哲学が事実と価値の問題について、その規範の中でも特に重要なのは、社会的な公正[19]、justiceの問題である、と山脇は指摘している。そこでもう一つ重要なのは、米国のような移民社会に移行せざるをえないという現代の日本において、いわゆる「多文化共生」の問題がある。幼児期からライフスタイルを身につけることが「多文化主義」の切実な問題であり、そういった規範をどう考えるかを、公共哲学的な観点から論議され、窮められなければならない（ibid., pp.44-45)、と山脇は考えている。

また、他方では、このような公共哲学の営みにおいても、特に「(べき)論＝規範論」をめぐって、保守主義の公共哲学、リベラリズムの公共哲学等々、複数の立場があることが担保されなければならない。その意味で、公共哲学はある特定のイデオロギーではなく、善き社会を目指して競合し合う学問であり、政治や法といったあらゆる分野で分化され、論考されるという学問横断的な学問である(加藤編2008, p.479)、と山脇は言う。以上、山脇の文献を手引

共哲学のことをグローカルな公共哲学の理念(ibid., p.41)、と山脇は呼んでいる。

19 この「社会的公正」については、グローバル・パブリック・グッズ(地球的公共善)の問題や、それとの対概念として、グローバル・パブリック・バッズの問題、それはテロリズム、戦争、麻薬、貧困といった問題を指し、その除去についても真剣な議論が必要となる(ibid., p.45)、と山脇は言う。

きとして、国内における公共哲学の変遷とその概略を取り上げた。環境プラグマティズムが、実践との関係で相対主義を乗り超えていく一つの方向性として、山脇や次に取り上げる桑子の考え方や実践というものが、それを示唆している。次に、「公共哲学」に関連して、「合意形成」について取り上げる。

2. 「合意形成」について

桑子は、『社会的合意形成のプロジェクトマネジメント』(2016)の冒頭で、合意形成とは、人間社会での意見の対立に対して、話し合いによって紛争解決する問題解決のプロセスを導くことである(桑子 2016, pp.2-3)という。まさに合意を形成することそのものに意味があり、その合意形成は、特定多数の人々による合意形成と、不特定多数による合意形成に区別することができる。特定多数の合意形成とは、合意のための話し合いのメンバーが明確な場合であり、不特定多数の合意形成とは、関係する人々との範囲が限定されていない場合である。不特定多数の合意形成で、例えば公共事業等での話し合いのような関係者の範囲が社会に開かれている合意形成を「社会的合意形成」という。この合意形成を必要とする課題に関係する人々を「合意形成のステークホルダー」と呼ぶ。社会的合意形成とは、不特定多数のステークホルダーによる合意形成である(ibid., p.12)。それは「開かれた合意形成」であり、社会の直面する問題を人々との話し合いによって解決するプロセスであり、対立している人々との意見を合意へと導くプロセスだといえる。桑子は、社会的合意形成を進めることは、合意のないスタート地点から始めて、合意というゴール地点へと至るプロセスをプロジェクトとしてマネジメントすること(ibid., p. i)という。そして、社会的合意形成は、人間社会には、賛成か反対かという二項対立でも人々の総意は得られず、かといっていろいろな意見に耳を傾けたとしても、必ずしも総意は得られないということがあるということから、いわゆるそれは多元論である。

すなわち、そこには意見の対立が存在することで端的にいえば、一元論も多元論も効かないといえる。また、人間は、「言葉」をコミュニケーションツールとして使う社会的存在である。言葉は言語を伝える重要な伝達手段であり、大きな力を持っている。合意形成には、対立や不信に対する不満や怒り、憎悪といった悪感情や、あるいは合意によって回復される信頼や満足といった様々な感情が深く関わっている。このコミュニケーションは合意形成の重要な概念であり、特に「言葉」は意思伝達から意思決定への大きな力を有している。言葉の掛け違いで対立が起こり、小さくは人間関係の崩壊、大きくは国際紛争、戦争による人間同士の殺戮にも発展する。言語、人種、文化、宗教の違いも紛争の下地を造ることも考えられる。意見(言葉)の違いが顕在化して対立や紛争に陥ることはあるが、多様な意見が存在していても、必ずしも対立に至るわけでもない。しかし、意見の対立が蓄積すると、そこには不信感が蓄積して、不信感が深まれば深まるほど、話し合いそのものが難しくなり、解決は困難となる。桑子は、対立と紛争について、「対立の渦中にある個人にとっても、地域社会、社会全体とっても苦痛であり、不幸の原因である。紛争による苦痛と不幸の回避のための問題解決には、関係者間の信頼関係を基礎とした話し合いが不可欠である」(ibid., pp.1-2) と述べている。

そして、桑子は、合意形成について、対立から合意へ、不信から信頼へ、不満から満足へ、怒りから融和へという変化を実現する活動であり、そのための技術である（ibid., p.2）という。それでは、合意形成さえすれば問題は解決するのだろうか。これは短絡的であり、かつ楽観的である。反対に、合意形成は妥協であり、妥協なき状況では合意形成は不可能とする悲観的・懐疑的な考えは、合意形成に対して根本的な誤った認識に基づいている。また、合意形成は単なる妥協や譲歩の方法ではなく、対立する複数案のどれか一つを採用することでもなく、それらの折衷案をとることでもない。合意形成というのは、対立する選択肢を踏まえて、その対立構造を克服するための新しい選択肢を創りだす創造的な努力である。それでは、問題解決には妥協や譲歩ではなく、紛争解決には第三者による調停が問題解決の鍵となるのだろうか。調停は話し合いで進められる問題解決の一つである。調停の結果はいわゆる和解である。桑子は、合意形成には和解よりも創造的な意味が含まれると言う。

そして、ダム建設是非のような二者択一的選択の場合において、最終決定案に対して創造的な解決案を示すことは難しい場合がある。しかし、このような場合でも最終的な決定に至るまでのプロセスについての合意形成であれば、創造的な解決はありうるとして、これは、「これだけきちんとした手続きをとりみんなで決定したから、最終案に従うほかはない」という考えに至ることができる手続きを踏んだ合意形成は重要である、と桑子は述べている。（ibid., pp.4-5）それから、合意形成には紛争回避と紛争解決のためのプラグマティックな合意形成[20]がある。両方とも取り組み方、プロセスと結果も異なる。

---

[20] 桑子によると、紛争回避と紛争解決のためのプラグマティックな合意形成では、その取り組みや結果は異なる。合意形成は、対立が紛争に陥る以前に行われた場合は、紛争回避の手段となる。他方、対立が紛争になれ

まさしく合意形成とは、多様な意見を持つ人々による対立を克服するためのプロセスであるから、対立的な二案を克服するための第三案の創造に向けた協同的な努力が求められる。また桑子は、複雑な社会的問題には、ただ一つの正しい答えがあるとは限らない。ありうるのは、むしろより良い解決である。このように合意形成は、合意のための話し合いを通じて結論に至るプロセスであり、全員一致を目標とする話し合いである。したがって、合意形成では、多数決は採用しない（ibid., pp.10-11）としている。すなわち、合意形成というのは相対主義を乗り超え、プラグマティックな解決に導く手段である。

3. 「合意形成論」の環境プラグマティズム的アプローチ

ば、紛争回避とは異なる手続きを必要とする。既に発生してしまった紛争解決のための合意形成には、膨大な精神的エネルギーと高いコストと長い時間を要する。紛争が深く個人のライフヒストリーにまで染み込んでいて、憎悪や怨恨など、深い感情的な領域に達していると紛争解決は困難となる。更に、宗教的信条などの個人や集団の存在の根幹に根差す対立は、更に難しい。そうなると、第三者による合意形成プロセスを考えなくてはならないとされている。一方、意見の違いがなく、誰もが同じ意見を持っている場合には、当然ながら合意を形成する必要はない。そこで桑子は、意見の違いが明確でない時ほど注意しなければならず、合意形成の必要がないようにみえるというケースでも、多様な意見が潜んでいるという問題で議論が行われない時には、対立が顕在化する可能性を考えておかなければならないとしたうえで、重要な問題では、はじめから多様な見方が明確になっていた方がよいと考えている。この多角的に問題を検討するということは、問題に対する意見の多様性を尊重することである。合意形成しようとする者が認識すべきことは、多様な意見は、一方では、対立・紛争をもたらす可能性を持つが、他方では、よりよい解決に導く知的資源となる（桑子 2016, pp.5-6）、と桑子は考えている。

ここまで、桑子の「合意形成論」の議論を取り上げてきたが、桑子の議論は実践的で具体的な方法論が基本的に述べられていて、それがどういう理屈に基づいているかは実際にはほとんど述べられていない。だから、ここに環境プラグマティズム的な光を当てて、この問題がどのように理解されるべきであるかということを、相対主義を解決する問題として明らかにすることができる。まさに、具体性や、実際に役立つかといった点でプラグマティックであり、本書自体が環境プラグマティズムを明らかにするという主旨に合致する。この実践的な点で環境プラグマティズムの展望にも拘る災害復旧・復興公共事業が、一般の公共事業とは違い、災害復旧復興という名の下に住民の反対意見を覆してプラグマティックな合意形成が成されたという環境プラグマティズムの展望を見据えた、相対主義を超えて合意形成に導く実例を基にふれておく。環境問題での合意形成においては、合意形成が難しい一例として挙げられるのがダム建設工事に関わる問題である。そして、これは紛争が長期間にわたることが知られている。

そこで2020年に発生した熊本県人吉・球磨地区球磨川流域を襲った甚大な豪雨浸水災害の実例を取り上げる。これは、住民側から天災だけではなく人災的要素もみられるとの議論が起こり、10年程前に決着したはずの「川辺川ダム建設紛争」の建設反対から一転して住民の意見が、条件付きとはいえ賛成へと転換しつつあり、当時反対派の意見を最終採択した県知事の考えをも転換させたのである。まさしくこれは、災害復旧・復興公共事業が住民の合意形成をもたらす可能性を示した例として挙げられる。このダム建設は、流水型ダムを採用して、熊本県は「緑の流域治水」を掲げている。現時点では、長期展望を見据えたダム建設を進める方向で計画されているが、豪雨による球磨川河川災害から5年の歳月が過ぎ、その間は災害にまでは至らず、まだ着工には踏み込んでいない現状にある。この日本一の清流といわれる川辺川流域は、天然資源に恵まれており、その保護という観点からの反対運動も根強くあるが、流水型ダムを採用することで合意形成に至る可能性がある。しかし、一般的なダム建設での合意形成の難しさはいうまでもない。その理由として桑子は、建設を推進する事業主体と地域住民との対立が生じるだけでなく、地域の中での意見の違いから生じる地域の深い対立と、意図的に対立するように仕向ける事業主体による反対住民に対する切り崩しを挙げている。このようなことが行われると、深い感情的な凝りが残されることになり、蓄積された深い対立と、不信を克服して関係者すべてを満足のいく合意に導くには至難の業となる（桑子 2016, p.3)、と桑子は言う。

また桑子は、このような反対運動については、思索と実践の経験から、自然は絶対に保全すべきかどうかといった、一般的な議論から環境問題に対する解決策を提示することはできないとして、環境問題の解決には、益にならないどころか、むしろ害になると述べている。これについて桑子は、原理的な環境保護思想を遵守して自然に任せなければならないという意見に従えば、前出の日本の里山の保全は不可能となるということであるという。何故かというと、里山は、地域の人々が長い間にわたって、地域の共同管理空間(入会地、ローカルコモンズ)として、自然環境が提供する自然の維持管理と、それによる地域社会の生活基盤の確保のために管理してきたからであり、またそうした伝統的な空間管理に即した生態系が形成されてきたからである、という。

このような桑子の哲学的思索の方向は、机上の哲学ではなく、環境危機が叫ばれる現場に赴くというまさしく現場主義といえるスタイルである。その危機のステークホルダーと議論しつつ、問題解決を図ることによって、その空間の危機と問題解決の道筋を立てるためには、どのような思想と具体的な実践とが必要なのかを考察する(桑子 2010, p.47)のである。このことは、環境プラグマティズム的にも方向を同じくしている。そして、環境問題はしばしば多様なステークホルダー間の対立・紛争[21]を顕在化するとして、ステークホルダーの議論を整理しておくことは、環境問題解決にとって不可欠だ（ibid., p.48）、と桑子は考えている。このように桑子は、環境問題は環境と人間の問題というより、人間同士の問題と捉えている。人間には良い環境を実現したいという共通の願望があるが、その願望は、多様な人々が思い描く抽象的な願望である、との見解を示している。

それでは良い環境とは、どのような環境なのだろうか。良い環境を実現するかということを現実的な問題として捉えるところから、環境問題の解決はスタート地点に立つ。そこには抽象的な目標を現場の具体的な問題解決のプロセスで実現するプロセス、すなわち、人々の話し合いと合意形成による意志決定の問題である、と桑子は言う。確かに、環境保全や環境再生というテーマについて人々の共感を得るのはそれほど難しいことではないと思われるが、桑子は、抽象的に表現される自然保護や自然再生も、解釈する人々の間では

---

21 ここでのステークホルダーとは、環境改変の主体となる人々(行政・企業)と改変の影響を受ける人々(地域住民)のことで、公共事業(主体は行政担当者)において税金で賄われる場合は、納税者もステークホルダーに入るとされている（桑子 2010, pp.48-49）。

大きな意見の違いがあり、目標実現のプロセスにおいても、人々は自分の置かれた場所や地位の制約を受けるという。

そして、社会的合意形成のプロジェクト推進で最も大切な点は、多様なステークホルダー間のコミュニケーションの促進であり、コミュニケーションの機能不全はプロジェクトの停滞を招き、その対策に時間を費やすことになるとして、プロジェクトの時間管理も重要な課題の一つと桑子は考えている。そして、目指すべき価値は、ステークホルダー間の満足や納得である[22]、としている。このステークホルダーは、それぞれの立場や職業の違いに応じて、様々な理由から意見を形成し、発信するのである。結論としては、社会的合意形成のプロジェクトマネジメントの哲学は、こうして対立する意見を知的資源として、話し合いを通じて新たな解決策を創り出す、という創造的な作業のための思想と技術である。この思想と技術の実現のためには、環境と人間に対する深い洞察と創造的な思考が求められる。合意形成の合理性とは、創造的合理性と対立を総合へともたらす合理性である、と桑子は述べている。（ibid., pp.54-56）以上、桑子の文献を基に、合意形成への考え方に対する概略を取り上げた。ここまで、山脇の「公共哲学」と桑子の「合意形成」について述べてきた。その一つの目的は、環境プラグマティズムに公共哲

---

[22] この満足や納得は、長い時間をかければよいというものではなく、何十年もかけた話し合いでは、多くの住民や市民は高齢化する。これに対し、行政担当者は、異動や転勤により、後任者が前任者を引き継いでいく。また、トラブルがあるところでは、住民や市民だけが当事者として長い時間、議論に関わっている。しかも、彼らは、仕事でそれらの話し合いに加わるわけではない。行政担当者や専門家は議論に参加して給与や報酬を得ているが、住民や市民は仕事ではなく無報酬である（ibid., pp.55-56）。

学と合意形成論を取り入れたら、「多元論」における相対主義批判を乗り超えられるということを示すためである。この仮説の段階から結論へと導く議論を本書 12 章で纏めたい。その前に次章では、地球環境問題の実際例を基にした「公共哲学」と「合意形成」の具体的展開を視野に入れた実践に向けた議論を取り上げる。

第 11 章　環境問題における公共哲学と合意形成への具体的展開

第 11 章では、公共哲学と環境問題における合意形成について、現在の様相が変化していることへの対応と、今後の展開について考察する。

今世紀に入って、地球環境問題の中で、特に気候変動による温暖化が原因とされる兆候が世界各地で起こっている。日本国内に目を向けると、異常気象に伴う大型変則型台風、豪雨大水害、41 度を越える気温上昇といった現象が生じている。今後ますますその現象の規模は巨大化して、増加していくと考えられる。

また、自然破壊が進む中で問題なのは、自然災害における被害である。人類の生命も生態系全般の生命も、自然災害には為すすべもない。たとえ生命の犠牲は免れたとしても、日常生活等の復旧と復興をしていかなくてはならない。今後、災害復旧・復興としての公共事業が増えていくだろう。それは少なくとも営利事業ではないから、人間の欲望を抑制しなければならない。企業や民衆も電力削減等を余儀なくされるだろう。そして、原発停止に伴う電気代の高騰に伴う物価上昇と経済は低迷して生活の質も変えていかなくてはならない。そうなると、2011 年の東北大地震に伴う福島原子力発電所事故による国内での合意形成が成されていない原発再稼働の議論が再燃するかもしれないが、福島県は自然エネルギーへの 100%転換も視野に入れている。いずれにしても、今後の災害復旧・復興のためには合意形成が成されなくてはならない。今後の展開は、従来の公共の仕事から、新たな公共の仕事へと変化していくのではないだろうか。まさしく、環境倫理・環境プラグマティズムを念頭に置いた環境公共政策を実現しなければならない。それと同時に、化石燃料から自然エネルギーへの漸進的な転換の動きが、米国民主党政権下でその兆しが伺われていた。それは、米国カリフォルニア州で起こっている「脱化石燃料」宣言採択とテキサス州での大規模風力発電所建設促進であったが、寒冷化による停電等の問題があり、注意が必要であった。しかし、2025年1月20日に共和党政権への移行で、大きな政策転換が行われる可能性があり、日本にもこの影響が必至である。それから、自然エネルギーをベース電源とすることが技術的にも課題が多いのである。それとメガソーラーや風力発電装置建設には自然破壊を招く危険性も孕んでいるのである。火山国の日本では、地形上の問題があり、地熱エネルギーの開発も進めなくてはならない。

それではここで目先を変えて、合意形成についての極論にふれておく。それは、地球環境問題を解決することは、ある意味では簡単であると、山内廣隆は次のように述べている。「すなわち、哲人のような、ある優れた認識者が全権力を掌握し、全反対勢力を力で捻じ伏せ、地球環境保全の政策を行えば地球環境問題は一夜にして解決できるであろう」(山内 2003, p.65)と。その方策としては、工場での石油の不使用、通勤は徒歩か自転車、旅行禁止、未使用地の農地転換、家庭の電気使用制限、環境税50%等々、環境税導入以外は、多数決を原理とする民主主義社会ではほぼ不可能である。山内も極論と分かった上で、地球環境問題を解決するには、民主主義は相応しくない制度なのか、と述べているのだが、この民主主義社会の中で解決の糸口を見つけていかなくてはならない。

また、加藤は、地球環境問題を解決できる世界秩序は、「地球全体の総量的な規制が成功すれば、国内でどんな酷いことになっても温暖化は防げる。地球全体主義が国家エゴイズムに優先しなければならない。一つの国の中で内国的な理由よりも環境保護の理由の方が優先するという体質が定着しなければならない」(加藤 2007, p.8)と述べている。筆者もその通りだと考えるが、二つの意見とも実現が困難である。この問題に対する合意形成は、多数決で意志決定をする民主主義社会においては難題である。しかし、この難題を乗り越えないと、地球環境問題は解決できない。しかし、「全体主義」に対しては過去の教訓から、欧米諸国を中心とする自由主義陣営は同意しないだろう。

そこで牧野広義は、新しい民主主義として、「地球民主主義」を提唱している。「環境倫理」のためにも民主主義の思想は不可欠であり、民主主義そのものの発展が問われている。牧野は、「その点においては、『地球民主主義の倫理』を含む『環境民主主義』の発展が必要である。それは、人権と民主主義の確立に基づいて環境を保全する方向である」(牧野 2015, pp.26-27)と述べている。

この民主主義社会における対立については、環境プラグマティズムの視点から見ると、環境政策を実行するには、政策担当者と市民の間に「意見の不一致」による対立がみられる。その「意見の不一致」を解消するためには、「合意」と「妥協」が成立の鍵となる。しかし、一方が他方を完全に打ち負かすことを期待したり望んだりするのは、非現実的で不合理で、恐らく公正ではない。これが「プラグマティック」な解決とはいえないだろう。前出のデ・ジャルダンは、環境プラグマティズムに対して、「プラグマティックな解決の特徴である現実的な妥協は、批判者の見解によれば、現状への煮え切らない降伏以外の何ものでもない」(デ・ジャルダン 2005, p.414)と述べている。このようなプラグマティックな接近法は、逆効果であることの証明となる。

そこで岡本は、公共哲学の公共的な仕事について、収束・一致が達成されている場合だけ妥当であるというライトの考えに対して、「環境倫理学が公共哲学となるには、環境に関する多様な立場が収束して、実際の政策では一致することが前提とされる」と言う。そして、環境に関する多様な意見は、如何にして収束可能かとの問いに対して、「環境に関しては、具体的な政策だけでなく、根本的な価値判断も多様であり、更には事実をどう理解するかも違う」(岡本 2012, pp. 229-230)、と岡本は述べている。

またノートンは、実質的な議論として「環境経済学」にも目を向けていて、環境と経済をどのように統合するかを考える必要があるとして、この点については、従来の環境倫理学では、環境と経済を二者択一的な図式で捉え、環境保護のために経済を批判していたことから考えると、ノートンの考えである環境を経済的に評価する方法も、これから進展していくと筆者は考える。このことについて、自然と人間の調和も重要であるが、もう一つの環境と経済の調和の両立も重要である。人間が生存し、生活をしていくためには、環境保護も重要だし、経済活動も重要である。しかし、これは二律背反する可能性を秘めている。そもそも、環境問題は人間の経済活動から生じているのも事実であり、人間の欲望が経済活動の中に潜んでいることも事実である。例えば、21 世紀に入り、我が国では、「太陽光発電固定価格買い取り制度」(FIT)の導入により、メガソーラービジネスともいわれる、空き地にメガソーラーが建設され、多くの個人事業主が参入していった。地球環境問題への貢献と、経済活動にもなると推進に拍車が掛かった。出資額は保証された上に、20年間の高額買い取り収益を得られることにより、どちらかといえば後者の魅力が建設の動機となると考えられる。ところが、およそ10数年前の政権交代による制度見直しが実施され、一時低迷の兆しが伺われたが、厳しい基準の原発再稼働と原発新設が望めない現在の状況の中で、環境省が原発20基分のメガソーラー建設の上積みを示したことで、土砂崩れ災害等の危険性を回避した立地条件をクリアしてのメガソーラー建設が進められている。但しそこには、新たな倫理問題が発生する。すなわち企業倫理である。国内企業に留まらず、外国企業の参入と儲け主義による自然破壊が懸念されるのである。

最近の現状では、その懸念が現実問題となり、空き地にメガソーラーを設置するだけではなく、営農型太陽光発電(農水省管轄)の出現や、山を切り開いて斜面に太陽光畑の建設が、外国資本等の参入による全国展開している。このことに対しては、自然破壊と、地震等の自然災害の二次災害に繋がる危険性を孕んでいる。それと、太陽光発電の利益が、電力会社から買い取り価格で支払われるのだが、それが「再エネ賦課金」という名目による国民負担に繋がることも憂慮しなければならない。化石燃料に替わって再生可能自然エネルギーがベース電源となることには課題が多い。特に、夜間発電しない太陽光発電には、メガ蓄電池の開発が急がれる。地熱、風力、波力発電と水力発電と火力発電、そして原子力発電とそれぞれ一長一短があり、エネルギー政策は曲がり角にある。そのような中で2024年末には、ペロブスカイト太陽電池が一般販売される。それから海洋国の我が国に適した新たな水力発電の開発も進んでいる。今後の再エネ技術発展に対する期待が膨らむのである。

海外に目を向けると、2024年までの米国の民主党政権下では、カリフォルニア州で計画されている「新築住宅に太陽光発電装置設置義務化」が進められて来たが、この動きは、我が国にも波及して、東京都でも同じ計画を2025年からの実施を模索している。しかし、米国が共和党政権に変わったことで、日本への影響は必至であり、東京都としても計画の履行は流動的であり、しかも都民の合意形成が得られるとは限らない。たとえ、費用はEV車購入助成と同じく、都と国が助成するか、果たしてできるのかが問題である。これも国民と都民の税金からの支出であり、結局は、将来において税金による国民、都民の負担を増やすことになる。

2024年11月11〜22日には、アゼルバイジャンのバクーで気候変動枠組み条約第29回締結国会議(COP29)が開催された。東京都は、洋上風力発電設備を伊豆諸島沖への建設を計画している。日本の国土は7割が山地であり、陸地へのメガソーラーや風力発電施設建設には適していない。その点では、洋上への風力発電建設は理に敵うようには思われるのだが? 疑問符が付く。そして北海道にも「再エネファンド」を使い同計画を進める、という兆しが窺える。すなわち投資、金儲けである。雄大な北海道の自然は、このような自然エネルギー施設建設により、絶滅危惧種の生息地域や自然が破壊されかねないという二律背反の現象が起こりつつある。その顕著な例として「釧路湿原」へのメガソーラー建設問題がある。「ラムサール条約」[23]の登録地であっても、地元住民が反対して、議会で

[23] 1971年2月2日にイランのラムサールで開催された国際会議で採択された、湿地に関する条約です。正式名称は、「特に水鳥の生息地として国際的に重要な湿地に関する条約」という(環境省ホームページ)。

反対決議されても建設されるということは、そこには何かの原因がある筈である。熊本県でも阿蘇の外輪山南側に約 119 ヘクタールに広がるパネル約 20 万枚が設置されている。企業の営利目的と経済活動を批判するつもりはないが、阿蘇国立公園の景観の悪化、パネルの有害物質汚染、何よりも防災・減災の観点から、地震や台風だけではなく、山火事や土壌崩壊と森林伐採による水害に発展するという二次災害発生を懸念するのである。熊本県は防災・減災を重点項目として掲げているにもかかわらず、片方ではこのようなことが進められることに対して、「環境アセスメント」[24]が機能していないのかを、環境省や経済産業省、そして各都道府県は検討しなければならない、と考える。前出の東北大地震に伴う、福島原発事故の教訓から 100％自然エネルギー実現を目指す福島県は、メガソーラーを県のシンボルとして名高い吾妻山に建設したところ、景観の悪化について住民の反対が起こっている。景観に対する感じかたは、個人の主観的なものではあるが、環境プラグマティズムの重要な概念である「自然の内在的価値」にも関係する問題である。

そもそも、山地へのメガソーラー建設には無理があり、ビルや工場、そして役所や学校といった公共施設の屋根、高速道路の防壁等への設置が望ましい。現在の技術では、パネルの軽量化が進み、側面につけることもできるので、自然を破壊してまで自然エネルギー施設を建設するなどといった環境政策は是正するべきである。あく

---

24 環境影響評価といい、開発事業が行なわれる場合、それが周辺の環境にどのような影響を与えるかを、事業者が事前に調査、予測及び評価し、その結果を公表して住民等や行政の意見を聴き、十分な環境保全対策を実施することにより、より良い事業計画を作り上げていく制度(環境省ホームページ)。

までも筆者は、絶滅危惧種を守り、自然破壊を防ぐという視点からこの問題を捉えているので、政治的な利権や企業の利権と、国防政策(風力発電設備近くに自衛隊レーダーサイト施設が隣接)等の問題を取り上げているのではないこと、そして建設反対運動を支援しているのではないことを申し添えておく。

すなわち、環境も、経済も、人間が生存するための基盤である。人間の日常生活の中では、「環境」は普段は殆ど意識しない当たり前の存在である。ところが、日々の暮らしは、経済活動に従事して、その収入で消費活動を行っている。それは、より安いものを購入する傾向にある。例えば、環境負荷の高い商品を扱う「百円ショップ」では、より安いものを購入したいという消費者意識が、環境破壊を進行させている[25]。しかし、何より大切なことは、環境保護を中心に据えて環境を破壊しないような経済活動のあり方を問い、それを実行することである。要するに、環境の視点から見ると、環境を破壊するような経済活動が問題だということである。

ノートンは、「収束仮説」の議論を展開したが、具体的な環境問題等への有効な提案はできなかった。そして、「環境経済学」を評価しつつも、経済的観点だけで環境の価値を評価することを批判した。ノートンの議論では、価値の収束する根拠は述べられてはいないし、ライトも、多様な意見や環境の価値が「収束」するのを前提にはしているが、その可能性について示されていない。ノートンの

---

25 このことについて岩佐茂は、「経済活動と環境保護の調和・両立といっても、経済活動を中心にすえ、経済成長を損なわない形で環境保護に努めるのか、環境保護を中心にすえ、経済活動に環境への配慮を内在化させる環境の視点を徹底して経済活動に貫くのか、このアプローチの違いは天と地ほどの開きがある」(岩佐 2007, p.19)と述べている。

「環境プラグマティズム」は、環境政策に多様な立場で議論し、民主的な合意形成を目指すものだった。環境プラグマティズムは、実践的な有効性を携えて、旧来の環境倫理学を批判してきたが、現在その有効性は疑問視されている。岡本は、現在の状況では、「プラグマティズム」という名前はどうにか残しているが、プラグマティズムとしては形骸化したように見えるとして「方法論」へと縮減されるか、「討議倫理学」に接近するか、いずれであれ、プラグマティズムの意義はほとんど消滅したように見えると述べている。このことは、的は射ているものの悲観的である。希望の思想であったはずの「環境プラグマティズム」が失望に終わってしまうのだろうか。いや終わらせてはならない、と筆者は考える。

そして、EP で取り上げた環境プラグマティストのウエストン、カッツ、ライト達も、明確な失望感は示していないし、明確な方向性や方策も示していない。ただ、環境プラグマティズムが転換期を迎えているのは確かである。岡本は、「環境プラグマティズムもそろそろ交代の時期に来ているかもしれない。それとも、プラグマティズムの意義を改めて考え直すことによって、現実的で有効な環境への関わり方を構想すべきだろう」（岡本 2012, pp. 229-231)、と結論づけている。筆者は、後者の希望的観測を支持し、有効な環境へ方策を構想すべきであると考える。その点を踏まえた上で、次章では「価値多元論」の重要性についての議論をまとめる。

第12章「価値多元論」は環境プラグマティズムの重要な概念となるか

第12章では、「道徳的一元論」から「道徳的多元論」への展開の中で、第7章〜9章にかけて、環境プラグマティズムにおける一元論者のキャリコットとレオポルド、そして、「価値多元論」をめぐるウエストンとカッツ、そしてライト、ノートンといった多元論者の諸議論と諸理論、そして相対主義についてまとめる。

価値多元論の行方としては、ライトが主張する「公共哲学」と「合意形成」について、山脇と桑子の文献に沿って、実例を交えながら、その概略について考察した。以上の点を踏まえて、プラグマティズムは「相対主義」に陥るかということと、「価値多元論」は環境プラグマティズムの重要な概念になるかについて、これらの論者達の主張から、環境問題克服に向けた環境プラグマティズムの妥当性がそこに見出せるかを、ここまでの内容を念頭において纏める。

一元論者のキャリコットは、人間以外の存在の道徳的地位に関する重要な視点を「土地倫理」が提供している、ということを示唆した。その土地倫理を提唱したレオポルドは、環境倫理学の考えを示したが、環境倫理学は「土地倫理」に対しての偏見を作り上げた。そして環境倫理学は、「道徳的一元論」に進んだと思われたが、キャリコットがとなえる道徳的一元論と文化的多元論とは極めて対照的である。このキャリコットの見解は、環境プラグマティズムのどちらの形式も表していない。しかし、レオポルドが否定したのは、片方の考えだけですべてが解決するという「一元論」である。また、ノートンは、レオポルドの現実における標的は人間中心主義ではなく、非－人間中心主義は管理の問題検討に使えば、扱いにくい問題を生じるとの結論を下した。そしてノートンは、人間中心主義自体が未来世代への配慮を含意するものとしている。一方レオポルドは、土地に対する敏感な対応という、公衆の感受性の開発を中心に考えていた。レオポルドの標的は人間中心主義ではなかったのである。要するにレオポルドは、人間中心主義と非－人間中心主義の両方の考え方を持ち、ノートンの「弱い人間中心主義」の主張と「収束仮説」を支持しただろうと考えられる。しかし、キャリコットの立場に基盤を与えているのは、レオポルドの「土地倫理」に対する独特の解釈であり、一元的論理である。そして、この一元論への攻撃が、環境プラグマティストの批評の中心となり、多元論者やプラグマティストの立場を受け入れる最大の障害がキャリコットではないかとされている。以上が、「道徳的一元論」と「土地倫理」を基にしたキャリコットとレオポルドの議論とその関係の概略である。

一方、道徳的多元論については、環境プラグマティズムが人間中心的な道具主義と考えられていた誤解を正して、環境倫理学にとってのプラグマティズムの必要性を強調している。また、一挙にすべてを解決するといった一刀両断的な議論は不可能であり、多様な意見を許容しつつ、相互に関連し合い、広く開かれた多様性を持つ文化を祝福するというのである。道徳的多元論とプラグマティストの関係は、道徳的多元論の立場をとるためには如何なる種類のプラグマティストにもなる必要がないことを認識しておかなければならない、とウエストンは考えている。そして、ウエストンは、文脈主義、反基礎づけ主義の立場に立ち、「哲学」より一種の描写である「詩」や文学の方が、環境問題解決等に有効であるとして、哲学の特権性を否定する。ウエストンは、現代の環境哲学は、プラグマティズムのように、プラグマティストにとっての価値は多元論的で相関的であると示唆している。そして、カッツもその点では同じ考えを持っている。

またライトは、ウエストンとカッツの価値多元論の観念間においての違いが明確であるとして、他のレベルの多元論は、関係はあっても違うことを示唆している。また、ノートンは、道徳的多元論の立場から、多元論を理解する上で「収束仮説」が有効な概念としている。ノートンによれば、具体的な実践という点において対立は認めつつ、実践的な目的や具体的な政策面での一致団結を提唱する。そしてノートンは、個人的欲望より、精神的な利益への許容や非個人的な立場で全体の利益を考慮して、長期的視野に立ち、未来世代への配慮や責務といった点にまで考えを及ぼすのが「弱い人間中心主義」であり、この二つの概念は対立を回避するには重要であると考えている。

環境プラグマティズムは、「理論的多元論」と「メタ理論的多元論」を認めているのだが、ライトとカッツは、理論的多元論とメタ理論的多元論の両方とも、ポスト・モダン相対主義を発展させる役割を担うことはないとしている。その上で、どちらの多元論も健全で重要な環境哲学と比較はできるが、環境哲学の成長のために、この段階で必要とされる理論展開のための基礎や指針を示すに過ぎないと両者は考えている。このメタ理論的多元論についてライトは、環境プラグマティズムは「紛争の場」であるべきとして、様々な立場の環境プラグマティストへの寛容が、今後力強く現実的な環境倫理学を続けるために必要なメタ哲学的な多元論のモデルとして役立つと述べている。そこには、自然の「内在的価値」を批判しながら、多様性を認めて多元論とそれに伴う相対主義をとなえたという価値の捉え方に対する矛盾がある。

カッツはこれに対して、相対主義に陥るしかないとして、プラグマティズムは「主観的相対主義の泥沼」の議論紛争に導くと断言している。両者とも多元論は相対主義に陥ると考えている。ライトは、メタ哲学的環境プラグマティスト達はプラグマティズムを、環境哲学が行われるべき規則や原則を供給するものとして扱うとして、メタ哲学的プラグマティズムの重要な側面は、ある形の理論づけに対する過去の偏見を捨てようとする意欲であり、環境関連の標準的な問題を評価、伝達する時のある種の多元論を内包することと考えている。故に、この形の環境プラグマティズムは、価値づけのための重複する理論間の決着がつかない衝突を避けるために必要な「寛容の原理」を提供した。ライトは、この寛容には限界があり、メタ哲学的プラグマティストはすべての理論や理論化を平等に受け入れるわけではなく、メタ哲学的プラグマティズムが価値を表すのに他の方法を取り入れるのは、環境の価値論を語る中での多元論への関与の証明であるという。

ライトの考えるメタ哲学的プラグマティストは、単に“個人内の多元論”に寛容なだけでなく、複数の重なり合う主張の数々を政策の提唱時の評価のために主唱するのである。そしてライトは、「公共哲学」について、環境プラグマティズムとして有効なものを、「方法論的プラグマティズム」と考えた。この「方法論的プラグマティズム」は、自由で多元論を認め、他の理論や立場に対して「寛容」であればいいわけである。しかし、すべてにおいて「寛容の原理」を重視して、自由な議論展開の中で、他の理論や立場に対して「寛容」なだけであれば、多元論の域を超えてしまうという懸念がある。

そして、「価値多元論」と「相対主義」との関係に関する問題は特に重要である。「多元論」が相対主義に陥ることがないかという懸念に対しては、「多元論」の捉え方と議論内容の充実と吟味が必要となる。すなわち、どのような時に相対主義に陥るかということが問題となる。この相対主義の問題解決にあたり、その道筋を示さなければならない。それは、環境問題等において、多様な立場の人々が、寛容な態度で反対意見も喜んで聴き、それぞれが正しい考えだと主張すれば、民主的ではあるが、相対主義を極端に推し進めるなら、どのような信念も同じように正しいとする立場になる。非合理的なところに陥るし、本当に正しいことが見えなくなり、相互理解ができなくなる。こうなると多元論が相対主義に陥るという短所となる。一方、民主的にいろいろな意見を聴き、その意見や考えを尊重して、理性ある判断をすることは、多元論の長所といえる。しかし、人間の理性が絶対的真理に到達しないと、どのような立場も相対主義に陥る。現実は、様々な観点から解明されうるし解明させるべきとしている立場を多元論とすれば、現代の相対主義はそうした立場と重なり合う。相対主義は非整合的であり、相対主義の主張は、自己自身に適用するなら、自己矛盾や自己反駁に陥る。多元論を容認しながら、どうやって意見の調整や合意形成が可能なのか。この点が克服できたら、相対主義に陥らなくて済むのではないだろうか。

そこで、相対主義批判の矢面に立ったローティは、「ボキャブラリー主義」、すなわち、科学と人文学と芸術が、どれも合理性という点では変わらないと考えた点と、「自文化中心主義」の見解を持っていたことを指摘する。そしてローティは、プラグマティズムから相対主義を連想するのは、プラグマティズムの哲学的理論に対する態度と、本来の理論に対する態度を混同している結果であると述べている。そして相対主義を執拗に問題として取り上げて批判するような人たちは、形而上学的な議論を好む人たちではないか、それ以外の人にとっては何でもないことだ、とローティは考えている。またデ・ジャルダンは、プラグマティズムの問題解決における文脈依存的な性質が、プラグマティズムは完全に倫理相対主義を脱しえないことを意味するとして、倫理的評価のあれかこれかといった二分法や、真偽の二分法に適合しなければならないと仮定する場合に限って、プラグマティックな解決策は相対主義的であると述べている。そして、デ・ジャルダンは、プラグマティスト達には知的で合理的であることの基準が存在し、この基準こそがプラグマティズムが倫理相対主義者に堕落することを防いでいると考えている。この両者は、多元論は相対主義に陥ることに対して、全面的には肯定していない。この両者に加えてライトは、主観主義や相対主義というものを払拭して、環境プラグマティズムとしての仕事は、公共政策に携わり、多様な人々との議論から合意形成を図ることと考えている。その上でライトは、ここで行いたいのは、非プラグマティストでも使用できる道具であることを示しつつ、その発展を見込んで二つの可能な問題を探求することとして、「方法論的プラグマティズム」と「漸進主義」の二つを挙げている。

そしてライトは、環境プラグマティズムの仕事を、公共政策に携わることと考え、「公共哲学」となることを提唱した。ライトのいう「公共哲学」に基づく「公共的な仕事」が成されるかには、如何に環境プラグマティズムに公共哲学を取り入れられるかが課題といえる。ライトが提唱した「公共哲学」は、理論的、抽象的であり、公共政策をメタレベルで哲学的に捉える。公共哲学には、もともとプラグマティズム的要素があり、それを公共哲学の一部と考えると、公共政策を考えるために公共哲学があるが、環境問題を考える十分な議論は持っていない。環境プラグマティズムと公共哲学を一体化することができれば、環境プラグマティズムが持っていない実践の部分と繋がることになる。公共哲学の仕事は、内部の哲学的議論に終始するだけではなく、より広い場を目指している。このような公共哲学の任務は、何が公衆・政策立案者、あるいはその両方を行動に移させるように動機づけるかという問いに対して、何らかの注意を必要とする。我々の障壁は、抽象的に考えられた妥当性と健全性についての伝統的な哲学的基準よりも高い、とライトは考えている。この多元論によって我々は、いくつかの形態の枠組みにおいて仮定されうる理論的な一元論に関与せずに、議論に際してある範囲の概念枠組みから選び出すことができる、とライトは述べている。またライトは、価値理論の構築よりも、自然を守るように動機づけることの方が重要であると考えて、それを、環境倫理学の公共的な仕事と規定している。その「二つの仕事」としてライトは、従来の伝統的な仕事と公共的な仕事を挙げている。特に、公共的な仕事の役割とは、様々な意見が、合意形成するように議論することである。それは、環境倫理に理解のない人達に、その目的を受け容れるような議論を明確に示すことであり、その際には多くの問題に関して「弱い人間中心主義」を主張することになる。

そこで、環境プラグマティズムに公共哲学を導入したら、公共哲学自体の中にもプラグマティズム的な思考があるため、公共哲学をベースにしている公共政策が動き出すということになる。それには、実践を実現するためには、環境プラグマティズムと公共哲学との融合というものが必要となる。そのようにしたらそこに展望が見えてくるのではないだろうか。その展望が見えるためには、環境プラグマティズムに公共哲学と合意形成的思考が足りないということに関して、政策への転換を図ることである。それには公共哲学の説明をして、桑子の合意形成論をベースにした議論の中で、相対主義批判がクリアできるか否かである。相対主義を乗り超える別の方法を探すことや、批判者に対して的外れだと指摘するといういろいろなクリアの仕方があるが、筆者は、環境プラグマティズムが相対主義ではないということを明確に支持したい。全体としてライトは、環境倫理学を「メタ哲学から公共哲学へ」と転換させることを企図している。その結論として、環境プラグマティズムの主な仕事は、人々の態度や行動、そして政策選好を指示する方向へと動機づけることであり、その必要性を、環境哲学者に印象づけることである。結局、ライトは、環境倫理学の力点を、価値理論から動機づけへと移行したものと考えられる。それを「メタ倫理学から公共哲学へ」の移行として語っている。ここまでみてきた中で、ライトの「公共哲学」の議論に繋がる国内の論者としては、山脇と桑子が位置づけられる。

山脇は、「公共性」をキーコンセプトとして、現実分析(である論)、規範研究(べき論)、政策論(できる論)の学際的統合によって打破することを目指した。そして公共哲学は、「官から民へ」という、「政府か市場か」という二項対立は通用しないという主張が、現代の公共哲学の核心部分を成すとした社会科学を批判することを公共哲学の大きな使命だとして、「活私開公」という「人間―社会」観の必要性を重視した人間観と実践論への結びつきと、地球環境問題等に積極的に取り組むという、「グローカルな公共哲学の理念」を提唱した。そして、公共哲学で重要なのは、社会的な公正の問題と移民社会への移行を前提とした「多文化共生」の問題であり、それは、多文化主義の切実な問題であり、そういった規範をどう考えるかを、公共哲学的な観点から論議され、窮められなければならないというのが、山脇の考えである。この問題は、米国での不法移民の増加と、日本国内でも移民問題は深刻な状況にある。少子化と労働力不足を補うためだけの安易な外国人の受け入れは、言語と文化の違い以上の大きな問題を孕んでいる。本書ではこの問題は取り上げていない。

次に桑子によれば、合意形成については、「社会的合意形成」を提唱したが、対立や紛争において、賛否を問う二項対立でも人々との総意は得られず、多様な意見に耳を傾けたとしても、必ずしも総意は得られないという。その現状を鑑み、人間に備わる「言葉」をコミュニケーションツールとして使うことを提唱している。このコミュニケーションは合意形成の重要な概念であり、言葉は意思伝達から意思決定への大きな力を有している。桑子は、合意形成は、対立構造を克服するための新しい選択肢を創り出す創造的な努力であり、問題解決には、「調停」が話し合いで進められる問題解決の一つであり、調停の結果は和解であるとした上で、合意形成には和解よりも創造的な意味が含まれると言う。そして、「社会的合意形成」という概念をコミュニケーションの方法としたことは、社会の直面する問題を人々の話し合いによって解決するプロセスであり、対立している人々の意見を合意へと導くプロセスだといえる。桑子は、この社会的合意形成を進めることは、合意のないスタート地点から始めて、合意というゴール地点へと至るプロセスをプロジェクトとしてマネジメントするという方法は、「プラグマティックな合意形成」と呼ぶことができる。

そこで、合意形成が難しいとされるダム建設是非のような場合においては、最終的な決定に至るまでのプロセスについての合意形成であれば、創造的な解決はありうる。それには、手続きをきちんとふんでみんなで決定して、最終案に従うほかはないという考えに至ることができるような手続きをふんだ合意形成は重要だとしている。特に、本書で取り上げたダム建設をめぐる災害復旧・復興事業による公共工事は、環境プラグマティズムの展望を見据えた、相対主義を超えて合意形成に導く実例といえる。また、合意形成とは、多様な意見を持つ人々による対立を克服するプロセスであり、多元論が陥りやすいとされる相対主義を超える手段といえる。そして、合意形成は多数決より全員一致を目指すが、たとえ自然再生であっても、最終目標に達するための合意形成プロセスは、多くの小さな合意の積み重ねによってはじめて実現することが分かる。桑子は、社会的合意形成のプロジェクト推進で最も大切な点は、多様なステークホルダー間のコミュニケーションの促進であり、その目指すべき価値は、ステークホルダー間の満足や納得であり、この満足や納得は、長い時間をかければよいというものではないとしている。結論として、社会的合意形成のプロジェクトマネジメント哲学は、こうして対立する意見を知的資源として、話し合いを通じて新たな解決策を創り出す、という創造的な作業のための思想と技術である。この思想と技術の実現のためには、環境と人間に対する深い洞察と創造的な思考が求められる。合意形成の合理性とは、創造的合理性との対立を総合へともたらす合理性である。以上が、桑子の「合意形成」についてのまとめである。

ここまで見てきた中での大きな問題は、「多元論」に対しての相対主義批判である。繰り返しになるが、公共哲学における合意形成という分野の考え方を援用することで、相対主義を乗り超えることができる。それには、環境プラグマティズムに公共哲学と合意形成を導入する方が、その繋がりは上手くいく。相対主義は公共哲学に乗った時にどのように解決することができて、公共哲学の中でコミュニケーション論や合意形成論が、全く異なる人達の合意形成をどのように行うことができるのかが課題となる。この相対主義批判を乗り超えることができるということは、環境プラグマティズムには諸問題は存在するが、公共哲学的な考えを導入することでその問題は解消し、実践に応用することが出来るという戦略をとるか、または反対側に問題があるものを、プラグマティズム的な考えをとってみると上手くいくと考える。

このコミュニケーションについては、完全に合意形成できる政策は存在せず、住民の意見は完全には一致しない、ということを前提としている。そして、一致しないからこそ一致させるための方法が必要となる。その方法としては、コミュニケーションの重要性、特に「言葉の使い方」から公共哲学における紛争現場での合意形成に繋ぐことが､環境プラグマティズムの問題を乗り超えることになる。この方が、公共哲学との繋がりは上手くいくと筆者は考える。この相対主義をコミュニケーションによって乗り超えることはどういうことを意味しているかを考えるために、コミュニケーションを一元論的ではなく､多元論的､プラグマティズム的に行うことができる。そこでは、例えば現実の解決を目指して、それぞれの思いはあるけれど、寄り合うところは寄り合って、妥協しながら決めていくというライトが提唱した「寛容の原理」が必要となる。これは、公共哲学と合意形成の中にプラグマティズム的な対処の仕方、思考のスタイルが実際に入り込んでいて、そのことによって相対主義を乗り超えることができるということである。相対主義というのは、価値それぞれがそれぞれで正当性や妥当性を持つもので、それらを統一することはできないと考える立場である。価値に相対性があるというのは、相対主義の人たちが前提としている事実に関する認識で、それぞれの人たちが別々の価値観を持つという事実である。言い換えると、それの観点を持つという事実を踏まえた上で、それぞれの人々がお互いに干渉せずにそれぞれが正しいと認めるべきだとする立場である。つまり、それぞれに優劣をつけることはできないとする立場でもある。だからといって議論は収まらない。プラグマティズム的な意見をただ導入するだけだと意見の統一ができない。しかし、合意形成ができないというわけではない。そのためには、コミュニケーションのプラグマティズム的転回という観点を援用することによって全体が目指そうとする議論ができると考える。

そこでこの議論の着地点は、桑子の議論を踏まえて、コミュニケーションにおけるプラグマティズム的な方法を見出すことであるが、コミュニケーションによる方法にはいろいろなものがある。例えば、一元論者が紛争の調整に臨んだとしたら、恐らく調整とは考えずに、事柄の事実として、それは正しい答えなので反対者は間違っているとして、それを改めて従えといった横暴な議論となるだろう。しかし、その議論展開になると、それぞれが信じる議論をはじめとして相対主義に陥る。このことでも分かるように、実は相対主義に陥るのは一元論者の方であって、多元論者は相対主義的ではない。環境プラグマティスト自身は、それぞれがそれぞれの価値を持つということは認めているので、そのレベルでの相対主義は認めるが、実際にプラグマティストが問題にしているのは、コミュニケーションや合意形成における一致なので、そのレベルでプラグマティズム的に考えることによって合意形成することができる価値はそれぞれ持ったままだといえる。つまり、一元論者は一元論者のままで価値があるとすればいいし、多元論者は多元論者でそのように思えばいい。しかし、それでも一致できるところがあると信じて、その合意点を探っていくという行為自体が、コミュニケーションにおけるプラグマティックなアプローチといえる。

つまり、我々は価値を持つこと自体は、それぞれがそれぞれの信念を持ち、それぞれが、内在的価値を持つと考えるものについての価値を持てばいいのだから、その点では相対的である。但し、それはあらゆる意味において相対主義的というわけではなくて、価値は事実として相対的なのだといえる。相対主義とは、それぞれがそれぞれでいいとして、それ以上お互いに干渉しない主義とみなされるが、価値の相対性ということと、相対主義は違う。その意味でいうと、プラグマティストの観点からすると、価値は相対的であるからこそ、プラグマティックに合意できる地点を探していくというのが、プラグマティズムがやろうとしていることであり、それは相対主義ではない。むしろ、価値の相対性を乗り超えて、一致を目指すという行為そのものが、まさにプラグマティズム的な実際的な合意形成のあり方であり、また、それが合意形成論の中で示されているのだが、これこそまさにプラグマティズム的な仕方で合意形成するという、コミュニケーションのプラグマティズム的転回といえる。プラグマティックな解決法としては、コミュニケーション、特に現実的にとれる選択肢を見出すことである。最終的に EP において議論されたのは、理論から実践であったが、結局、哲学理論主体の議論に止まった。これを一部は実践的に実行した人もいるが、もっと具体的にするのが今後の展望であり、相対主義批判に対して、それを乗り超えるためのすべがどういうものであるかが示されなくてはならない。それは、コミュニケーション議論を進めて、合意点を探る仕方である。社会構造というものは、あるかないか、するかしないかといった二者択一で最終的には決定するので、その採択をする以前に、「寛容の原理」等の活用ができるかである。

すなわち、物事を決定する前に話し合う場所を設定すること、ワークショップや住民説明会のような形態でもいいので、違う立場の人たちが、自分の立場と主張に固執して罵り合うのではなく、違う立場は違う立場のままで、共通の選択肢をとるためにはどうしたらいいか、相手の考え方を変えるのではなく、お互いが一緒に乗ることができるすべを探るといった段階が必要となる。このためには、無理やりに意見を一致させるのではなく、そこを変えていくプラグマティックな切り口ともいえる公共的な「討議」が必要となる。そして、それを具体的に示すことが重要であり、プラグマティックに実践するにはどうしたらいいかを示す必要がある。その一つとして、共同体でのコミュニケーションアプローチへの取り組み等が重要な施策になる。繰り返しになるが、環境プラグマティズムは多元論的であり、相対主義批判がなされてきた。そこに公共哲学における合意形成論を導入することに手がかりが求められる。それは、桑子のいう「社会的合意形成」という合意形成の方法を実践することで、相対主義に陥ることを避けることができる。この公共哲学における合意形成論の妥当性を、環境プラグマティズムの観点からも支持できる。つまり、環境プラグマティズムは、価値の多様性を認めるプラグマティズム的態度をとりながら、安易な相対主義を認めないという合意形成におけるプラグマティズム的態度をとることで、相対主義批判を乗り超えることができるのである。以上が、環境プラグマティズムに公共哲学・合意形成を導入して相対主義を乗り超えるという議論の結論である。

以上、価値多元論をめぐるウエストン、カッツ、ノートン、ライトの主張についてまとめた。そして、公共哲学に関する山脇の議論のまとめと、合意形成をめぐる桑子の議論の概略をまとめた。この公共哲学と合意形成論を如何に使えば、対立する意見を一つの意思決定に収斂させることができるか、そして、環境プラグマティズムが相対主義に陥らないためには、公共哲学と合意形成論の方法とコミュニケーションアプローチを取り入れることが環境プラグマティズムの展望への有効な手段となりうる。そして、「価値多元論」は相対主義に陥ることはなく、環境プラグマティズムの展望への重要な概念であるという結論を踏まえて、次の 13 章で環境プラグマティズムの展望についてまとめる。

第13章　環境プラグマティズムの展望

本書では、プラグマティズムの起源にまで遡り、その変遷の中で「環境倫理学」が誕生から半世紀以上が経ち、環境プラグマティズムが起こって30年以上が経過した時点における、環境プラグマティスト達の議論展開について検証した。そして、それらを環境倫理学の中で位置づけた。EPを中心にして取り上げられた議論の中では、環境プラグマティズムの主な主張である、自然の「内在的価値」と「価値多元論」について、主に環境倫理学者のキャリコットと、環境プラグマティストのウエストンとカッツ、そしてライト、ノートンらの議論を取り上げた。その中で自然の「内在的価値」については、環境プラグマティズムの展望を見出す重要な概念の一つと考えるに至った。その経緯と内容については、結論を出したので、ここでは本書全体の結論として、再度簡潔に述べておく。

まず、環境プラグマティズムの重要な概念の一つとして、自然の「内在的価値」は、環境プラグマティズムという観点からすると、内在的価値に拘りすぎるというよりは、一元論的なものの見方に拘るということと、内在的価値との関係というのが従来の環境倫理学では極めて重要視され過ぎていたので、内在的価値というものを見直すということが、環境プラグマティズムで主張されたのである。しかし、環境プラグマティズムでは内在的価値という概念には、すべてにおいて価値がないとウエストンが言うのは、内在的価値という概念が間違っているのではなく、解釈が間違っているというものである。ウエストンは、内在的価値にはそれなりの意味があり、環境プラグマティズム的にいうなら、多元論的に考えることの一つの軸として、また一つの要素として内在的価値を捉えれば、内在的価値という概念だけが駄目だというのではなくて、内在的価値以外のものが駄目だという考え方自体が駄目だという見解に至ったのである。

すなわち、主観主義の観点からは、人間が「内在的価値」があると認めれば、その対象に内在的価値があると扱ってもいいとも考えられ、それを理解した上で使うのであれば、自然の「内在的価値」という概念を捨ててしまう必要はない。そして我々は、ある種の美的価値である自然の風景が、それ自体として価値があると認めることがあるように、自然物そのものに価値を認めることが確かにある。それは、人間以外の生物に対しても、人間に対して認めるほどには多くはないが、ゼロではない。従来の環境倫理学者は、内在的価値を強調したが、場合によっては自然の道具的な使用もしている。人間の「内在的価値」も同じであり、この概念はもともとそういうふうに使われている概念なのである。もし環境プラグマティズムにおいて、この概念がプラグマティズム的に意味を持つとすれば、そういう意味でプラグマティックにこの概念を理解することになる。

また、内在的価値を絶対的に認めるか、認めないかということについては、本来、プラグマティズムの立場であればいずれにしても受け入れ、文脈に応じてそれをその有用性に基づいてその都度使うことがある。一元論的な説明であっても、あるいは内在的価値の説明が、納得できて、その文脈に適合する概念として使えるなら使うというのがプラグマティズム的な考えである。プラグマティストとしては、一元論を含めて多元論的であり、一元論者がそれだけに拘っていても、多元論者はそれを含めて多元論の一つとして捉えている。プラグマティストは内在的価値という概念を、プラグマティズムとしては排除しなくていいと言うだろう。このように、内在的価値はあるかないかという二者択一の議論は、従来の環境倫理学の議論であり、一刀両断できないというのが環境プラグマティズムの考えである。プラグマティズム的に内在的価値の概念をどのように使うかというと、全面的賛成でもなく、全面的反対でもなく、両者の間で、場合によってはあっちこっちに寄ったりしているが、そのような説明が説得力のあるプラグマティズム的説明だと筆者は考える。

そして、人間の「内在的価値」を考えることと、自然の「内在的価値」を考えることに対して、「あるなし論」で考えるというのは、そもそも我々の現実の思考スタイルには合っていない。そこを少し組み換えるという議論にして、全否定でもなく、全肯定でもなく、絶対主義的ではなく、文脈主義で考えるのがプラグマティックであり、この概念をどう理解できるか、利用できるかと考えることがプラグマティックということの意味である。しかし、すべての内在的価値はあるともないともいえない。これもプラグマティックに捉えなくてはならないし、人間の生活は既にプラグマティックな生き方をしているのである。

環境倫理学では、人間中心主義を否定して、非－人間中心主義を擁護した。環境プラグマティズムでは、人間と自然の調和的な関係を強調し、精神的で美的な価値を求めるといったことを重視するという特長を持つ「弱い人間中心主義」をノートンがとなえた。その特徴を活かすことも重要である。人間と自然のふれあいは、自己自身を見つめ直し、他者との関わりを問うように促す効果を持っている。この効果で、自然と人間との調和を肯定する理想的な規範を形作ることができるのではないかと筆者は考える。また、自然の「内在的価値」はあるとする肯定派だとしても、それは「原生自然」だけを自然として捉えるといった偏ったものではない。環境倫理学における自然の「内在的価値」をめぐる肯定、否定の議論では、そのような偏りが見られた。

自然は、美的なもの、その雄大さを見て、心に響く人は多く存在し、内在的価値を部分的に認めるという人もいるが、稀に認めない人もいる。重要な問題は、それを認めない人とどう向き合うかということである。この問題は、「公共哲学」に続く議論であり、環境プラグマティズムが「公共哲学」を取り入れたら、「相対主義」の問題を解決に導けるかということに繋がるのである。結論としては、自然の「内在的価値」という概念は、あるなしで捉える不毛な議論ではなく、認めるか認めないかというプラグマティックな議論として、環境プラグマティズムにおいては重要な位置を占める。後は、実践展開においてどのようにこの概念が活かせるかが問題である。そこには妥当性と展望が見出せる。

次に環境プラグマティズムのもう一つの重要概念である「価値多元論」と「相対主義」については、第 12 章のまとめで結論を出した。ここでは本書全体の纏めとして、簡潔に述べる。価値多元論については、環境倫理学から環境プラグマティズムへの展開の中で、「多元論」がどのような位置づけにあったのかという点が重要である。もともと従来の環境倫理学の多くは一元論的な立場をとっていたが、プラグマティストたちはそれでは上手くいかないと主張した。そこでライトは理論的多元論とメタ理論的多元論について説明した。キャリコットは、一元論者でありながら全体論と多元論を同一視しているところがある。プラグマティズムが主張する多元論は、道徳的原理の多元性を認める多元論である。全体論は、個々の部分や要素に還元することはできない、とする独自の原理を持つ。キャリコットは道徳的一元論者であるが、テイラーのような非－人間中心主義的な全体論者であれ、個体主義者であれ、共に道徳的一元論の立場をとっている。このように、非－人間中心主義的であっても、個体主義であったり、全体主義であったりするが、個体主義に対して多元的という意味では全体論を多元的と言うが、この多元性、多元論という意味では、プラグマティズムが言っている道徳的原理が多元的であるというのとは違う。一元論のように一刀両断に結論がでることもなく、絶対的な答えがあるわけではないといえる。

ここまでのEPを基にしたプラグマティスト達の議論は、実践に与える影響を鑑みると、理論重視の傾向により、プラグマティズムは実践的であるべきことを極めて重要視しているにもかかわらず、プラグマティズムのプラグマティズム的所以を環境プラグマティズムは果たしていないのではないかと筆者は批判的に捉えていた。しかし、その批判は妥当なのかという疑念が残る。ウエストンが主張した環境プラグマティズムというのは、ある種の哲学的評価では、プラグマティズムが抽象化に偏っていた基礎付け主義的な哲学を超えて、実践の中で役に立つという実際に使えるものである、という提案を一定程度はしている。しかし、ウエストンが環境プラグマティズムを考えた時に、そういう方向をそこまで強く考えていたかは疑問である。ウエストンがそこまで考えていないとしたら、理論と実践の自己矛盾を実際には行っていないのではないかといった批判は当てはまらない。

実際のところ、EPの諸議論は元々、実践をそこまで強く要請してはいない。ウエストンとカッツは、哲学的理論の実践で止まり、ライトは、そこから政策実践へのシフトを考えたに過ぎない。ウエストンは、実践というよりも、環境倫理学で重要だと論証されてきた、様々な基礎的な概念がプラグマティックな立場からみると根拠のないものだと考えていた。そこで筆者は、環境プラグマティズムは最終的には実践の方向、政策提言できる方向にいくべきだと考える。すなわち環境プラグマティズムにおいては、実践の概念もまた極めて重要であり、問題提起だけに止まらず、理論を実際に展開することで、環境問題に対する解決策の糸口を見つけなければならないということである。

現時点では、ウエストンが言っていることと、環境プラグマティズムをひとつの塊として議論しようとする評価の仕方の間には一定の乖離がある。ウエストンが言ったことが、すべてプラグマティズムのように語られる時もあれば、ウエストンのことだけを問題にして論じられることもある。ライトは、ウエストンとカッツが何をしようとしていたかということから離れて、哲学的に概念を分析した。ウエストンは、客観的に議論しようとしたが、自分の議論がどこに向かっているかを完全に理解していないところがあり、それを腑分けする役割をライトが担ったといえる。またウエストンにはもともと、政策実践という考え自体がなかったのではないかと筆者は考える。

ここまで見てきた範囲では、「価値多元論」については、環境プラグマティスト達はすべてが認めている概念である。ライトは、「寛容の原理」をとなえて、合意形成への展開を探り、公共哲学をメタレベルで哲学的に考えることとした。公共政策を立案するために公共哲学があるのだが、環境プラグマティズムに公共哲学を導入して一体化することができれば、環境プラグマティズムが実践に関する哲学理論的分析を超えて、政策実践の部分と繋がることになる。これは双方向的な影響関係である。環境プラグマティズムに公共哲学を導入したら、それを実践の方向に進めることができ、他方、公共哲学自体の中にもプラグマティズム的な思考が入ることによって、公共哲学をベースにしている公共政策が動き出すということになる。環境プラグマティズムを踏まえて政策実践を実現するためには、公共哲学との融合が必要となる。それによって環境プラグマティズムの新たな展望が見えてくる。

反対に、公共哲学と合意形成の側にも環境プラグマティズム的思考が必要であるというのは、公共哲学には官主導における公共事業等での社会的公益とその利益の担保が足りず、民意による社会的公正が実現していないからである。合意形成は、多様な意見を持つ人々による対立を克服するためのプロセスであり、相対主義を乗り超え、プラグマティックな解決に導く手段となる、という特徴がある。そのためには、具体性や実用性という意味でのプラグマティックな観点による環境プラグマティズム的な思考が必要になる。その一つは環境プラグマティズムと政策との接合である。そして環境プラグマティズムでは、多様な自然間の相互関係を重視した。それは、諸々の価値は網目状に繋がるという関係性・相互依存性を強調したが、多様な自然間の相互の関係と人間と自然の関係は重要であり、「相互依存」というより「相互調和」という概念で結ばれていると筆者は考える。環境プラグマティズムでは、「価値の相互関係性」を重視して、多元論的で、文脈依存的な価値のみを、自然の価値とみなすべきとされている。

そこで、メタ哲学的プラグマティズムは、理論間の決着がつかない衝突を避けるために必要な「寛容の原理」を提供し、全体論を軌道に乗せるのに必要とされる多元論を供給するためにも必要とされている。この「寛容の原理」についてライトは、「寛容」を要求したとしても寛容には限界があり、メタ哲学的プラグマティストはすべての理論や理論化を平等に受け入れるわけではないと言う。まさに「寛容」には節度と限界があることは言うまでもなく、すべてを受け容れることは問題解決にはならない。その異なる理論に対しての「寛容の原理」が要求されるのである。そして、ライトがとなえた「方法論的プラグマティズム」は、自由で多元論を認め、他の理論や立場に対して「寛容」であればいいわけである。すべてにおいて「寛容の原理」を重視して、自由な議論展開の中において、他の理論や立場に対して「寛容」なだけであれば、多元論の域を超えてしまうのではないかと筆者は考える。しかし、合意形成には、この「寛容の原理」は重要な概念である。

そしてライトは、公共政策に対する議論展開の中から、公共哲学に基づく「公共的な仕事」は、ただ収束・一致が達成されている場合だけ妥当である、としている。それでは、環境に関する多様な意見は、如何にして収束可能かということになる。環境に関しては、具体的な政策だけでなく、根本的な価値判断も多様であり、更には事実をどう理解するかも違うという事情がある。ライトは、環境プラグマティズムの仕事は、主観主義や相対主義を払拭して、公共哲学に携わり多様な人々との議論から合意形成を図ることと考えたが、多様な立場の人々が「合意形成」を得ることは難しいとも考えた。人々はあらかじめ考えていた理論や原則を目の前の具体的な問題(環境問題等)に適用しようとすると、意見の不一致がしばしば支配的となるが、こうした出発点での多様性と抽象性が、合意と理解を妨げたのである。ここに公共政策立案者等のディレンマが募ることになる。そして「合意形成」は、多数決で意志決定をする、民主主義社会においては難題である。しかし、「全体主義」には過去の教訓から、大方の人間は同意しないだろう。この課題を乗り越えないと、地球環境問題は克服できない難題となる可能性が大きい。

1980 年代後半から 1990 年代にかけて始まった環境プラグマティズムは、1996 年に EP が編纂されて 30 年近くの年月が経過した。そのような現在において、環境倫理学をめぐる状況は転換期にさしかかっている。そのような転換期を迎えるとしたら、有効な方策をもって迎えなければならない。環境プラグマティズムがどこへ向かうか、その行方は不透明ではあるが、未来を見据えた方向づけをしなくてはならない。環境プラグマティズムは、実践的な有効性を携えて、旧来の環境倫理学を批判してきたが、現在その有効性は疑問視されている。筆者は、環境倫理学者対環境プラグマティスト、一元論者対多元論者といった二項対立構造的な捉え方はせず、両方の論者の主張が相互に関連し合う点を重要視して、環境プラグマティズムと従来の環境倫理学を超えた、新しい環境倫理学・環境プラグマティズムへの転換の必要性を強調したい。岡本の言う「環境倫理学の 20 年サイクル説」によると、転換期にあることは確かである。ただ転換できずに元に戻るということも考えられる。とはいえそれは、後退を意味しているのではない。本書は、30 年近く前に編纂された EP を取り上げて議論している。この転換期にさしかかった現在において、EP の議論をベースとした、新しい環境倫理学・環境プラグマティズムへの転換を見出さなくてはならない。しかし、EP 以降の議論展開と、環境問題の進捗度に伴う環境政策等への対応が停滞しているとしたら、「20 年サイクル説」のセオリーは通用しないということも考えられる。岡本たちが述べた「環境倫理学、環境プラグマティズムはもう終わった」は、はじまりの一歩となるかもしれない。

EPの導入においてライトとカッツは、EPにおけるすべてのプラグマティスト達の主張は、私たちが今、環境問題を解決するための実行可能な解決策を見つけることだと述べていた。それには、環境プラグマティズムに何らかの実践面での「展望」を見出さなければならない。そうでなければ、世界の先進国が中心となって、気候変動、地球温暖化だけに特化した炭素ゼロ・CO2削減目標を設定したとしても、地球環境問題は永遠に解決することはできないだろう。非排出国からのカーボンオフセット購入という小手先の方策による炭素ゼロ実現は、排出国の対面を繕った実益のないものに終わってしまう可能性がある。

ここまで本書で述べてきた環境プラグマティズムの展望とは、環境プラグマティスト達がとなえた哲学的議論を発展させて、如何に政策実践面に向けられるかという展望である。自然の「内在的価値」を認め、自然と人間の調和した社会を実現することで、将来世代の環境問題克服への展望が開ける。また、ライトがとなえた「価値多元論」を基にした、公共の仕事に対する「寛容の原理」と合意形成が、自然災害復旧・復興事業に展開される。「価値多元論」については、相対主義に陥るとした議論を覆して、公共哲学と合意形成論、そしてコミュニケーションアプローチを使えば、対立する意見を一つの意思決定に収斂させることができて、相対主義には陥ることはないということになる。まさに新しい時代の環境公共政策への展開がそこに実現されるのである。産業革命以来の科学技術の進歩により、人類に恩恵をもたらしたはずの高度科学技術文明は、大量生産・大量消費社会の副作用として地球環境問題を生み出した。そこで誕生した環境倫理学、そして環境プラグマティズムは、時を超えて、新しい文明ともいえる自然と人間が調和した「環境産業革命」の新時代を迎える。環境プラグマティズムは、より実践的な政策実践の方向に向かうという展望を持たねばならない。そして、環境倫理学・環境プラグマティズムは、一つの学問の領域に止まることなく、地球環境問題克服に向けて発展しなければならない。その発展に向けて、本書がその一助となることを願うとともに、喫緊の課題であるエネルギー問題に伴う原子力発電所再稼働の問題や、蓄積された核廃棄物処理の問題等々、福島原子力発電所の再処理水放出も原発汚染水という風評被害の懸念から、地元住民(特に漁業者)との合意形成がままならぬ状況を越えて放出にこぎつけたのだが、今度は一部の周辺国から水産物の輸入制限がかけられた。輸出相手国も原発処理水を海に放出しているにもかかわらず、我が国に対してクレームをつける始末である。環境プラグマティズムがこの難題の解決に貢献できる社会への展望を見出すことで、希望実現に向けて邁進していくことが可能となるのである。ここまでの段階では、環境プラグマティズムの展望は見い出すことはできたのだが、環境プラグマティズム思想が希望の思想となるためには、2025年を起点として、これを実践して実用する段階へと展開していかなくてはならない。次の最終章で、近未来に向けた今後の課題とその方向性を示したい。

最終章　環境プラグマティズムの近未来

現在の世界は、1968 年に出されたギャレット・ハーデンの寓話「共有地の悲劇」の様相を呈している。この悲劇を回避するには、人類が共有できて、合意形成が成されるルールづくりが必要となる。2015 年に開催された「気候変動枠組み条約」の第 21 回締約国会議 COP21 において「パリ協定」が採択された。そして、世界の行動指針として、2030 年までに解決すべき社会課題を示した SDGs(持続可能な開発目標)には、世界を変える 17 の目標が設定されている。この目標に向かって 2050 年を一つの目途として、地球環境問題克服への人類の挑戦が展開される。その挑戦を乗り越える希望の思想に環境プラグマティズムがなり得るのか?

今後の「環境倫理学」における近未来への課題は、難題多い地球環境問題克服を見据えた行動に対するバックボーンとなる思想に期待がかかる。環境問題に関する選択には、何かを得るためには何かを失うという「トレードオフ」の関係が存在する。それから、「これをやれば環境問題のすべてが解決する」ということはなく、本書のねらいのひとつは、いかなる思想を掲げて、環境問題に取り組むかが大切であり、プラグマティズムがその思想となり得るかを考察することにある。

世界は、環境科学者であるギャレット・ハーデンの「共有地の悲劇」(1968)[26]の寓話の様相を呈している。この寓話は、人間が環境

---

[26] すべての人が使用できる牧草地を、牧夫はおのおの、できるだけ多くの牛を放とうとすると考えられる。人間と家畜の数が、部族間の戦争、密猟、疫病によって、土地の許容量以下に保たれている限りは、このような

問題を引き起こすメカニズムの核心をついている。このことは、自分の物は大事にするが、公共の共有物に対しては粗末に扱うという傾向が多くの人間にはみられる。地球温暖化による気候変動も「大気」という共有物を、一部の欲望を抑制できない人々の行動が環境問題へと発展するという一つの例である。

それから、同じ環境科学者の伊勢武史は、「オーバーシュート」という個体数が一時的に収容力を超える現象の怖さについて「自然界には、個体数の増加が自然に調整されるという働きが存在するが、これを人間に当てはめて、地球に適した数の人口に落ち着くような力がひとりでに働くので、心配がないという考えは間違いであり、オーバーシュートとそれに伴う生態系の崩壊を避けるため、僕らは計画的に生きていかなければならない」(伊勢 2022, pp.68-69)と述べている。これらの悲劇を回避する方法の一つが合意形成であり、「みんなが合意するルールづくり」だと考える。そのルールは、未来のために持続可能な使い方をしなければならない。しかし、ルールを運営するのは人間であり、人間は基本的に利己的であり、自己犠牲や善意だけに頼った環境保全活動等は成り立たない。生物界の戦略的互恵関係のように、人間も合理的な理由があれば利他的行動が可能となるのではないかと考える。このことについて伊勢は、「自己犠牲に依存する政策一辺倒では、地球環境は守れない。自己犠牲に訴えるのではなく、人々の損得勘定に訴えること。個人にとっての経済的合理性を示してやることが大事である」(ibid., pp.82-83)として、コスパを考えるのは合理的な行動と位置

やり方でも機能するが、放牧のし過ぎによって、共有地が崩壊する。生態学的な法則性は、「負担能力を超えた個体数の放牧は、土地の荒廃をもたらす」という点で成り立つという「神の見えざる手」に対する反証例をあげることにあった(加藤 1998, pp.146-147)。

付けている。このような人間の本質を活かすことが、環境問題克服に求められている課題であり、この人間の合理性に敵う思想がプラグマティズムだと考える。しかし、人間の合理性というのは、利己主義、個人主義、そして、人間中心主義ではない。そうではなく、人間が主体性をもって世界と関わり、自分が人生の主人公となれるかを考えることも必要だと考える。

そこで、地球温暖化に関するパリ協定[27]では、産業革命前からの気温上昇を2℃以内に、できれば1.5℃以内に抑えるために努力することが決められた。日本は2050年に「炭素ゼロ」実現を世界に向けて宣言している。二酸化炭素排出量ゼロというのは、排出量と吸収量のバランスがゼロを「カーボンニュートラル」と呼ぶ。

日本政府は、この宣言から30年近くあるとはいえ、実現性に乏しく、難しい挑戦となることは明らかである。何故かというと、エネルギー供給源として効率の良いとされる原発を一部を除き稼働停止して、新型の省エネタイプで環境にも優しい火力発電所建設には消極的であり、太陽光発電や風力発電といった自然エネルギーをベース電源として期待しても、よほどの技術革新が無い限りは無理がある。おまけに自然破壊の原因となりかねない。

ここで、人体に無味・無臭・無毒の二酸化炭素が地球温暖化の原因とされていることについて、問題は排出への自覚がないこと、目に見えないものには無頓着となる人間の特性が問題であり、地球温

---

[27] 2015年開催の「気候変動枠組み条約」の第21回締約国会議「COP21」で「パリ協定」が採択された。これは京都議定書の失敗をふまえた、それに代わる新しい枠組みである。気候変動問題については、過去の排出責任や、先進国、途上国の区別なく世界全体で取り組むべき問題であることが認識された(吉永/寺本編 2020, p. 177)。

暖化の間接的な原因であることと、そもそも二酸化炭素は必要な物質であり、人類の敵ではないことを申し添えておく。

それでは、現在注目をされている世界の行動指針について取り上げる。米国は、トランプ政権に移行して、2025年1月にパリ協定から離脱した影響が大きいとはいえ、今後の展開を見ていかないと、早々には予測できない。2030年までに解決すべき社会課題を示したSDGs (Sustainable Development Goals:持続可能な開発目標)には、世界を変える17の目標[28]があることには変わりはない。言語哲学者の山中司は、「目標達成において最も重要である『行動する』ということが、日本人には苦手であり、思考と行動の間でディレンマが、SDGs表現論の発案に至る動機になっています」(山中・上田 2021, p.25)と述べている。この「行動」と言うことがプラグマティズム思想に繋がると考える。SDGsの達成と世界目標のクリアは容易ではない。少しずつ現状を改善したところで、とても2030年には間に合わないと、山中は言う。だからと言って放棄するわけではない。米国の政権は、民主党から共和党へ移行したが、そのことによる、環境政策への違いは明らかであり、パリ協

[28] 2019年6月に発表された、国連の持続可能な開発ソリューション・ネットワーク(SDSN)による、SDGsの国別ランキングで、日本は162ヵ国中15位にランクインした。2020年には17位にランクを2つ落とした。また、このランキングでは、日本における課題も明確となり、特に達成できていないと評価された項目が、「5.ジェンダー平等を実現しよう」、「12.つくる責任 つかう責任」、「13.気候変動に具体的な対策を」、「15.陸の豊かさを守ろう」、「17.パートナーシップで目標を達成しよう」です。一方で、達成できていると評価されている項目は、「4.質の高い教育をみんなに」と「9.産業と技術革新の基盤をつくろう」です。あとの1.3.6.8.16については、まだ課題が残っている項目で、2.7.10.11.14については、まだまだ達成できない項目とされている。特に10項は、人や国の不平等をなくそうです (山中・上田 2021, pp.23-24)。

定離脱とWHOからの脱退は、それぞれの理由はあるとして、筆者としては、どちらの政策を支持することも批判することもしないが、我が国に対する影響が大きいのは事実である。

このように、政策転換についても大局的に捉えないと、米国の政権が変わるごとに右往左往することになる。主体性のある姿勢を日本政府には遂行して頂きたい。SDGsについても米国共和党政権は消極的になる可能性があるが、この世界的指針に対して、今後どのように捉えて取り組んだらいいのか、を考えることは必要であり、新たな展開への可能性も見据えなくてはならない。少なくとも、私たち一人ひとりの行動に繋げることを、自分のこととして受け止めることが必要である。山中のいう「ジブンゴトとして本気で捉える」ということである。このことは、米国の政権交代によって変わるものではない。政策は変わったとしても必要性は変わらない。

上田隼也は、2016年4月に発生した熊本地震の原体験から「この地震によって自分の人生に明日が来るのか、来年はあるのか、家族の人生も持続可能であるかを本当に考えさせられました。皆さんも自分の人生が持続可能なのか、自分の住んでいる地域が持続可能なのか考えるきっかけは何かありませんか? 原体験を持っている人にとってSDGsは他人事ではありません。まさにジブンゴトになるのではないかと思う」(山中・上田 2021, pp.14-15)と言う。

筆者は、熊本地震に遭遇したが、上田が遭遇した益城町とは10㎞程離れており、被害がそれほどでもなく、原体験を共有しておらずジブンゴトとしては捉えていなかったのである。しかし、日常生活も含めてジブンゴトとして「実践」を捉えていくには、プラグマティズム思想が指針となり、そのヒントを与えてくれると考える。１章で取り上げたパースからジェームズ、そしてデューイへとプラグマティズムの伝統は築かれたのだが、パースは論理学、ジェームズは心理学と生理学、デューイは教育学と専門分野が異なっている。すなわち、プラグマティズムは米国の哲学といえるが、西洋哲学のような一大体系を築いたとは言えず、それぞれの学問分野において実用的な展開が成される(現実主義)というのがプラグマティズムといえる。すなわち、プラグマティズムは形式的ではなく実を取ることと、「役に立つ(有用である)」にこだわるのが特徴と言える。まさに米国人の考え方がその傾向にあり、日本人が無意識にしてしまう思考とは異なるように思われる。

ここまで述べてきた「実践」には、個々人が「ジブンゴト」として捉えることと共に、米国のプラグマティズムという考え方を参考にして理解することが必要と考える。たとえ、欧州の伝統である西洋大陸哲学や、二千年を遥かに超える歴史と伝統を持つ日本に対して、建国250年位の若い国米国ではあるが、決して西洋哲学を真似ることのない独自の哲学や思想とその生き方が、実用的で役に立つとされるところが「プラグマティズム」といえる。

それではここで、本書の1章で取り上げた「ローティのネオ・プラグマティズム」は、古典的プラグマティズムの正統な後継とは言い難く、新しく進化したプラグマティズムとでもいえるのではないかと考える。すなわち、ジェームズやデューイの影響を受けながらも、ローティ自身の解釈や意図を際立たせて独自のプラグマティズムを確立したといえる。この独自性は、西洋大陸哲学を否定したところから窺える。特に「基礎づけ主義」の否定は見事である。「基礎」が大切と言うのは一般的な常識であり、当然のごとく彼は、非難の的となった。筆者はそれを否定しているわけではなく、ローティだからこそできたことだと考える。とはいえ、キャリコットと同じくローティの思想には魅力がある。筆者は、「あたりまえ」という常識の範疇から超えないと、難題解決に対して有効な思想は生まれて来ないのではないかと考える。それがプラグマティズム思想だともいえる。実を取るのが大切であり、基礎が大事としてもそのことを理解できないと意味がないし、精神論では解決できないことがある。世界中の非常識と思われる人と事と物に対して理解する幅がないと、思想や宗教の枠を超えて、人類共通の難題には取り組めないのである。

ローティは偶然性について、「言語の偶然性」、「自己の偶然性」、「リベラルな共同体の偶然性」について、3章にわたって述べている。この「言語の偶然性」について山中は、「私たちがコミュニケーションにおいて依存している言語も、未来永劫信じられるような、確固としたルールや規則があるわけではなく、そのつどの価値観、社会の様子、実際の人々の様々な変数がたまたま重ね合って成り立っているにすぎないことを強調する。ここにはローティの、絶対性を否定する強い信念がみられる」(ibid., p.44)と言う。

「偶然性」(contingent)とは、「偶発的」すなわち予測できない、どちらに転ぶかわからないという現代社会がおかれている現状そのものであると考えられる。世界は、不安定な社会や共同体における政治や思想に対して、世界も理論も間違いうるし、私たちも間違えるかもしれない。たとえ間違えたとしても構わない。これが本書でも取り上げた、パースやデューイが強調した「可謬主義」だと考える。そう考えると、ローティのいうところのアイロニーを駆使して世界を書き換えしていくこと、論理的に議論で説き伏せるのではなく、会話コミュニケーション等により説得して理解してもらうことから、環境問題等による紛争や、そこに至るまでの物語を語り合い、合意形成に導くというわけである。（ローティの「アイロニーとアイロニズム」については１章－３節を参照。）

ローティは、米国の伝統であるプラグマティズム思想をネオ・プラグマティズムとして現代に再生させたという点においても、重要な役割を果たしたといえる。ローティのネオ・プラグマティズムには確固たる独自のプラグマティズム思想があるわけではないし、伝統的プラグマティズム思想をローティがそのまま引き継いでいるわけでもない。しかし、ローティの思想は多面的であり、幅広い議論を展開してきた思想を統合する軸となるものが「プラグマティズム」と呼ばれ、自ら「プラグマティスト」であることを公言している。

そこでは、ローティの「リベラル・アイロニスト」にとっての問いがある。それは「なぜ残酷であってはならないか」という問いに対する答えなどないとして、「つまり、残酷さはぞっとするものだという信念を、循環論に陥らずに支持する理論などないのだ。『いつ不正に対して立ち向かうべきで、いつ自己創造の私的な営みに没頭すべきかを、いかにして決定するのか』という問いに対する答えもない」、とローティは言う。我が国では、米国と旧ソ連の東西冷戦時代が過去の歴史となった今でも右翼と左翼という言葉を使っている。左翼をリベラルという使い方をしている場合もある。果たして、「残酷さこそ私たちが為しうる最悪のことと考える人々」のことを理解して使っているのだろうか。「保守」と言うと古臭くて、「リベラル」と言うと革新的ということなのか、プラグマティズム思想は後者のイメージなのだろうか。この二項対立と宗教原理主義による宗教対立を人類は克服しないと、世界平和も環境問題克服も炭素ゼロ実現についても難しいだろう。

ローティの目論見の一つとしては、＜リベラル・ユートピア＞の可能性を提唱することとしている。そして「ポスト形而上学の文化は、ポスト宗教文化と同様に不可能ではないのであり、また同様に望ましいものであると私には思える」という。ローティのユートピアにおいては、人間の連帯は「偏見」を拭い去ったりするものではなく、むしろ達成されるべき目標であり、この目標は探究によってではなく想像力によって、つまり見知らぬ人々を苦しみに悩む仲間だとみなすことを可能にする想像力によって、達成されるべきなのであるという。

それから「連帯」については、連帯感や連帯意識という人々が結束するというようなイメージが湧く。ローティは、「連帯は反省によって発見されるのではなく、創造されるのだ。私たちが、僻遠の他者の苦痛や屈辱に対して、その詳細な細部にまで自らの感性を拡張することによって、連帯は創造される。感性を拡げることにより、自分と異なった人々に対して、(中略)私たちがそのような人々を疎外することが困難になるのだ」という。これは、他の人間存在を「彼ら」というよりむしろ「われわれの一員」とみなすようになるという過程である、としている。そしてローティは、この文化はユートピアの実現を、さらなるユートピアの構想は、終わりのない過程であり、現にある＜真理＞に向かって収斂してゆく(ローティ([1989] 2000), pp.5-7)という。

山中は、「ローティの自叙伝」によると、「彼は早熟で読書に没頭して、12歳時点で自分の人生を社会的な不正義との闘いに捧げたいと決意して、社会正義に燃え、その理論構築に憧れを抱くローティ、その一方で、自然の神秘による美しさに心奪われずにはいられないという」ローティであった。ローティによる基礎付けの否定や絶対解の否定は、「偶然性」へと集約されて、全てがたまたまでしかなく偶然なのだという、もしかしたら違った世界も、違った価値もあり得たという、「多元主義」につながると考えられる(山中・上田 2021, pp.48-50)と。ローティは、プラグマティストであり、ローティのネオ・プラグマティズムは、環境プラグマティズムの近未来に重要なヒントを与えてくれる。故に、1章で取り上げた内容以上に、最終章で再びローティを取り上げることにした所以である。

ローティ没後 20 年近くを迎える現在の世界は、飛躍的な科学発展に伴い AI の時代を迎えている。コロナ禍を経て社会が変革することで価値観も変わっているのであるが、そういう時こそ人間にしかできない人間力の醸成と倫理観の重要性が問われる。それには、人間と自然の調和に向けた倫理観の醸成と、それに伴う「倫理的な生活」の実践が必要となる。それから、科学に対する抑制を促して、「神の領域を冒す」といった暴走を阻止できる「科学倫理システム」の確立が必要である。現在、我が国では「生命倫理委員会」は機能しているのだが、「環境倫理委員会」は機能していない。原子力規制委員会は、技術的なことが主体であるので、原子力発電・核廃棄物処理問題、そして再生可能自然エネルギーと称するメガソーラー設置や、風力発電設置等々の自然破壊に対する是非を問うような環境アセスメントチェック機能を司るような機関の設置が望まれる。そして政府はその答申を受け止めて、国益に適う環境政策に反映して頂きたい。それは「水俣病」のような公害を二度と起こさないことを念頭にしている。このように公害は、企業倫理の欠落と、このバランスを欠いた歯止めが効かない結果だと考える。

そして、筆者の専攻した「環境倫理学」・「環境プラグマティズム」の重要な視点の一つとして、気候変動による自然災害の復旧復興とその公共工事に伴う住民間の合意形成や、半導体企業等の誘致に伴う経済優先の政策から水質汚染や水の枯渇対策と、環境政策の重要性の啓発等々に力を入れる取り組みが必要である。そして、それに伴い「防災・減災」という観点からの食糧自給促進のための農業振興政策、工場誘致に伴う人口増加に対応した道路交通政策が重要な課題となる。

それともう一点は、環境科学への理解として、理科つまり自然科学の知識が必須である。つまり、温暖化発生のメカニズムや絶滅危惧種の生態等への理解に必要な知識ベースは理科である。しかし、現象理解は自然科学であるが、現象解決には、社会科学分野が必要となる。理科と社会科が必要である。すなわち、環境対策を念頭に置いた技術革新を目指す工学・理学研究者への教育と、自然環境問題に取り組む、環境哲学・倫理学等の研究者の教育も必要である。それには、理系・文系両方の知識の必要性と、学問領域の垣根を超えたバランスある養成が重要である。このような学問を、「学際科学」という。

そこで、熊本大学は、「共創学環」(仮称)という、地域課題解決に向けた学部相当組織創設を打ち出した。2026 年 4 月から定員 80 名の学生を募る計画である。熊本県菊陽町への半導体企業 TSMC の進出に伴い、工学部における半導体技術者養成への取り組みから、ソフト面となる学部相当の「共創学環」創設は、大いに期待するところである。

それでは、筆者が別に書いた拙著の内容である「夢と希望」について述べる。希望の反対に位置するのは、災厄、災害、公害といった負のイメージが連想され、まさしく地球環境問題もその範疇にある。「環境倫理学」という学問が半世紀以上前に誕生したのもこの問題に対しての対応策であった。この間、人類はこの問題と向き合ってきたのだが、解決の糸口は見つかっていないのが現状であり、炭素ゼロにさえすれば問題解消できるかは疑問である。かといって、苦しめられているという絶望感から死んだ方がましだと、自殺者が蔓延しているわけでもない。まだ地球温暖化による気温上昇でも人類が住める環境は最低限確保されているからかもしれない。しかし、あまりもの不条理な世の中で生きづらくなって自暴自棄に陥いってしまうことはある。我が国でも青少年をはじめとして毎年約2万人以上の自殺者が発生しているが、それは別の生活環境で起こる問題からである。その原因には、「希望」を失うという点が挙げられる。この「希望」が本書のまとめのキーワードである。

筆者の人生は、何度も絶望から這い上がってきた人生であった。しかし、絶望しきった後も這い上がる決意をしたことを思い出す。どうしてかというと、夢実現への希望があったからだと思われる。希望は人生の絶望から救い、人生を生き抜く重要な要素であると考える。確かにこの世界は平等ではない。不条理な世界である。生い立ちも人生もいろいろであり、チャンスや幸福も平等には与えられているとはいえない。そこには、私たちが生活する地球の資源は有限であることへの自覚が必要となる。その資源で養うことが可能な生物の量にも限りがあることを「環境収容力」(carrying capacity)という。

地球上には、約80億以上の人類が生活している。その約7億人が飢餓に苦しんでいる。そして、その3倍にあたる約21億人が安全な水を使用できずに生活していて、その中で8億人余りが自由に飲み水さえ入手できない。また、先進国のような消費生活が送れなくて一日1ドル以内で生活しなければならない人たちもいる。我が国のように上水、中水、下水の区別なく水資源を消費している国は殆どないだろう。筆者の元にも、UNICEF から痛ましいアフリカの子どもたちの写真が載った寄付依頼が送付されてくる。その都度、寄付に応じてはいるが、個人の善意に頼らざるを得ないほど、深刻な状態なのか? 国際機関への資金援助や、支援活動はどのようになっているのかを疑問に感じる。それは救援資金の公正・公平な配分と、命にかかわる子どもたちに本当に届いているのだろうかという点である。すなわち、世界中の方々の善意が、中間で搾取されることなく、そのまま届いているのだろうか、ということである。昔は古着や食料などが支援物資となっていたが、現在は金である。再利用してもらえると信じて送っても、着られることもなく捨てられるのは悲しいことである。食料も飽食で捨てている先進国のフードロスをなくして、途上国へ届けられないか、誰しもが考えることである。せめて先進国の肉食を減らすことで、途上国からカッサバ等の牛の飼料の輸出を制限して、自国の食料を確保できないものかと考える。明らかにこの世界は不平等である。富の再分配を行わなければならない。その前に先進国による資源の乱獲を防がなくてはならない。気候変動地球温暖化は、深刻な被害をもたらし、一つの災いが去っても、戦争や災害によって大きな被害に見舞われるかもしれない。特に発展途上国の貧しい人々に降りかかる可能性が高い。複数の台風が何度も襲った国々もある。被災すると復旧復興にも時間がかかってしまう。まさに「夢も希望もない」と立ちすくんでしまう。それでも生命がある限りは生きていくしかない。

しかし、このような酷な状況に見舞われ、苦しみながらも前向きに生きている人もいる。嘆いていても世界はよくならない。そのような己の不幸を嘆くのではなく、今できることを確実に実践して、個人の悲惨さを無視することなく、たとえ小さな一歩でも前進する。このプラグマティックな生き方は、何に向かうかというと「希望」に向かってである。そうするしか希望実現の方法はないからである。これは決して楽観的に生きるということではない。まだできることはのこされており、諦めないということである。

もう一方で、地球環境問題の解決には、科学技術の進歩による解決方法も必要であるのだが、本書では科学的解決手段的なものはほとんど取り上げていない。そこで前出の伊勢武史は、環境科学者の視点として数々の提言をしている。彼の提言の一つとしては、いかなる科学的手段を駆使しても、地球温暖化を完全に止めることは不可能かもしれないが、地球を「改造」してしまおうという「ジオエンジニアリング」という技術を推奨している。その一つとして、宇宙空間にアルミ箔をまくことにより、工場から排出される二酸化炭素を取り出して、地中深くに埋めるという考え方を「炭素回収・貯留」(CCS と略す)という。

それから、「炭素回収・利用」(CCU と略す)という回収された二酸化炭素をメタン等の物質に変換して燃料として再利用するという技術もあり、マイクロソフト社が CCS の実用化による自社の経済活動としての温暖化ゼロ計画を表明している。これには、その他の有名企業も賛同して、産業界にムーブメントを起こそうとしていることを紹介している。伊勢は、これらの計画には、エネルギーコストが伴うということが難点であり、このように企業や経済界のアプローチも地球温暖化問題への重要な活動といえるとした上で、一つのものに頼り切ることは、それが駄目になった時のリスクがあり、多様な企業や業種に分散しておくことも不測の事態に備えるべきである、と述べている。そして、この「リスクヘッジ」という考え方は、エネルギー発電方式のトラブルを最小限に食い止めて、バランスよく組み立てることで多様性による安定した温暖化対策にも適応されて活かされるということを提言している(伊勢 2022, pp.134-140)。

すなわち、実効性のある環境保全には、政治や経済の立場に立った合意のしどころを探らなければならない。物事は相対的で、バランスをとることが大事であり、それを調和してまとめる思想がプラグマティズムである。それは、希望の思想と言える。最後に残るのは希望しかないのである。人間は夢と希望を捨てしまわなければ必ず未来に辿りつく。すなわち実用主義、「行動」あるのみなのである。この思想は、何が良いとか、唯一の理想を描いて世界を救うといった大それたものではなく、プラグマティズムはこれですべてが解決するといった絶対的な思想ではない。「より一層よくしていこう」という思いを、実践に向けて数々の知見を組み合わせてコーディネートする思考ツールといえる。そして、人間を含めた生態系の多様性を認めることが必要であり、そこには、ライトがとなえた「寛容の原理」の感覚を持つことである。

結論としては、地球環境問題克服と持続可能な社会の構築には、環境プラグマティズム思想がこの地球に住む人類と生物すべての未来への希望の懸け橋となる思想であるとの確信に至った。

中元啓夫

謝辞

本書を書き終えて実感するのは、紆余曲折の人生の中で、少年時代に抱いた夢を諦めずに持ち続けた末に、50年の歳月をかけて夢が実現したことである。50年間も誰にも語らなかった夢とは、ささやかではあるが、博士の学位を取得して、少年時代から仰ぐ師がとなえた「唯心実相哲学」を世界に広めるという夢実現に向けて、その一翼を担う力を醸成することである。確かに、人一倍の努力を重ねてきたことは私自身のものだとも言えなくもない。しかし、それを育てて育んでくれた多くの方々の援助が必要になることは言うまでもない。思い起こせば、2000年の春に、当時「応用心理学講座」の学生達が立ち上げたばかりの「心理・カウンセリング研究会」の発会式に、来賓出席頂いた故魚津郁夫熊本大学名誉教授から、「プラグマティズム思想」についてご教示いただいたことが、25年の時を経て本書を上梓するする萌芽となった。その後は、故高橋隆雄名誉教授からご指導頂くという幸運に恵まれた。高橋先生が、研究者の心得の一番は「言行一致」と「己を知る」ことを、常々云われていたことが思い出される。特に無知な私に、「哲学・倫理学」という奥深い学問の基礎をご教示頂いた。未熟な院生の行く末を案じてか?退官を機に、後任として田中朋弘教授にバトンを繋いで頂いた。まさに哲学者の魚津－高橋－田中という三人の教授からのご指導によって、10年もかかったとはいえ、辛うじて学位を取得することができたのである。特に、田中教授は、諦めないという私に対して、諦めずに見捨てずにご指導下さった。その結果として、ここに拙著を上梓することができた。あらためて感謝の意を表したい。

最後に個人的な謝辞をご容赦いただきたい。本書を書くためには、丸一年の時間を要した。それは、我が人生を振り返り、夢実現までの「夢翔る物語」として著することから始めたからである。その出版を終えてから、本書の出版に取り掛かることは、すなわち、1年間に2冊の著書を出版することは、私の能力からして至難の業であった。恐らく家の中は微妙な緊張状態にあったと思われる。子どもたちは独立していて、よく理解できなかったようであるが、大変だったのは妻の中元賀恵であった。今までもそうであったが、我が家は妻一人に負担がかかっていた。仕事をしながら家事も一手に引き受けてくれていたのである。妻は、この学位取得と2冊の著書を出版するまでの25年間、常に寄り添い協力してくれた。伴侶なら当たり前と言われるかもしれないが、今では珍しい封建的な性格の私に仕えることは並大抵ではない。反対の立場なら、私なら見捨ててしまうと思われる。また、10年間の院生時代に義母の上戸キヌ子と実母の櫻井静子が他界した。それから、前著の出版契約をした4月1日は、亡き父の中元明の100歳の誕生日であった。そして、丸1年間かけて本書の出版日の4月1日が101歳の誕生日となる。父母への感謝の気持ちと共に本書を捧げたい。

2025年(令和7年)3月12日遥か遠い昔に、春の雪降る中で結婚式を挙げた菊池神社にて結婚記念日の参拝を済ませて

引用・参照文献

（和文）

・伊勢武史（2022）：『2050 年の地球を予測する-科学でわかる環境の未来-』筑摩書房。
・伊藤邦武（2003）：『パースのプラグマティズム－可謬主義的知識論の展開』勁草書房。
・岩佐茂（2007）：『環境保護の思想』旬報社。
・植木豊編訳（2014）：『プラグマティズム古典集成』作品社。
・エマーソン R・W.（[1960] 2015）：エマーソン選集 1『自然について』（デジタル・オンデマンド版）斉藤光訳，日本教文社。
・大賀祐樹（2009）：『リチャード・ローティ 1931-2007 リベラル・アイロニストの思想』藤原書店。
・大賀祐樹（2015）：『希望の思想プラグマティズム入門』筑摩書房。
・岡本裕一朗（2002）：『異議あり！生命・環境倫理学』ナカニシヤ出版。
・岡本裕一朗（2012）：『ネオ・プラグマティズムとは何か』ナカニシヤ出版。
・岡本裕一朗・田中朋弘監訳（2019）：『哲学は環境問題に使えるのか―環境プラグマティズムの挑戦』慶應義塾大学出版会。
・加藤尚武（[1991] 2007）：『環境倫理学のすすめ』丸善。
・加藤尚武編（[1998] 2005）：『環境と倫理―自然と人間の共生を求めて』有斐閣アルマ。
・加藤尚武編（[2001]2007）：『共生のリテラシー』東北大学出版会，pp.1-13。
・加藤尚武編（2008）：『応用倫理学事典』丸善。
・加藤尚武（[2005] 2008）：『新・環境倫理学のすすめ』丸善。

・カッツ＆ライト（1996）：『哲学は環境問題に使えるのか―環境プラグマティズムの挑戦』岡本裕一朗・田中朋弘監訳（2019）：慶應義塾大学出版会。
・小塩和人（2014）：『アメリカ環境史』上智大学出版。
・上岡克己（2007）：「ヘンリーソローの自然観」『環境倫理の新展開』ナカニシヤ出版，pp.53-59。
・神崎宣次（2009）：「ブライアン・ノートンの収束仮説および関連する思想の批判的検討」『倫理学研究』(39) 関西倫理学会, pp.146-156。
・神崎宣次（2011）：「応用倫理学は問題を解決しないといけないのか」戸田山和久／出口康夫編『応用哲学を学ぶ人のために』世界思想社，pp.298-309。
・鬼頭秀一・福永真弓編著（2009）：『環境倫理学』東京大学出版会。
・桑子敏雄（2010）：「環境問題における意志決定と合意形成」『エコ・フィロソフィ研究』別冊 東洋大学学術情報リポジトリ，pp.47-56。
・桑子敏雄（2016）：『社会的合意形成のプロジェクトマネジメント』コロナ社。
・キャリコット・J・B.（1995）：「動物解放戦争―三極対立構造」小原秀雄監修『環境思想の多様な展開』〈環境思想の系譜 3〉東海大学出版会，pp.59-80。
・キャリコット・J・B.（2009）：『地球の洞察―多文化時代の環境哲学』山内友三郎他訳，みすず書房。[Callicott, J. B. (1994) *Earth's Insights: A Multicultural Survey of Ecological Ethics*

from the Mediterranean Basin to the Australian Outback, University of California Press]
・クラウス・マイヤー=アービッヒ（2005a）：『自然と和解への道』上　山内廣隆訳，みすず書房。［*WEGE ZUM FRIEDEN MIT DER NATUR, Praktische Naturphilosophie* für *die Umweltpolitik* by Klaus Michael Meyer-Abich Carl Hanser Verlag München Wien 1984 Carl Hanser Verlag through The Sakai Agency, Tokyo]
・クラウス・マイヤー=アービッヒ（2005b）：『自然と和解への道』下　山内廣隆訳，みすず書房。［*WEGE ZUM FRIEDEN MIT DER NATUR, Praktische Naturphilosophie* für *die Umweltpolitik* by Klaus Michael Meyer-Abich Carl Hanser Verlag München Wien 1984 Carl Hanser Verlag through The Sakai Agency, Tokyo]
・蔵田伸雄（2011）：「応用哲学としての環境倫理学―環境プラグマティズムを中心に」戸田山和久／出口康夫編『応用哲学を学ぶ人のために』世界思想社，pp.183-193。
・クレブス・A.（2011）：『自然倫理学』加藤泰史・高畑祐人訳，みすず書房。[Angelika, Krebs. (1999), *Ethics, of Nature,* De Gruvter]
・クワイン・W・V・O.（1992）：『論理的観点から』飯田隆訳，勁草書房。[Quine, W. V. O. (1953), *From a Logical Point of View: Nine Logico-Philosophical Essays,* Harvard University Press]
・ジェームズ・W.（[1898] 2014）：「哲学的概念と実際的効果」『プラグマティズム古典集成』植木豊訳，作品社, pp.24-54。
・ジェームズ・W.（[1909] 2014）：「真理の意味」『プラグマティズム古典集成』植木豊訳，作品社, pp.424-466。

・白水士郎（2004）:「環境プラグマティズムと新たな環境倫理学の使命」『応用倫理学講義 2 環境』岩波書店，pp.160-176。
・シュレーダー＝フレチェット編（1993）:『環境の倫理』上 京都生命倫理研究会訳，晃洋書房。[Shuader -Frechette, R. K. (1981, 1991), *Environmental Ethics,* Boxwood Press]
・セラーズ・W. (2006)：『経験論と心の哲学』浜野研三訳，岩波書店。[Sellars, W. (1997), *Empiricism and the Philosophy of Mind,* University of Minnesota Press]
・ソロー・H・D. ([1854] 2004)：『ウォールデン森の生活』今泉吉晴訳，小学館。 [Thoreau, H. D. (1854), *Walden; or Life in the Woods,* Boston: Ticknor and Fields, Inc]
・デ・ジャルダン・J・R. ([2005] 2008)：『環境倫理学－環境哲学入門』新田功他訳，出版研人間の科学社。[Joseph, R. Des Jardins. (2001), *Environmental Ethics: An Introduction to Environmental Philosophy third Japan,* UNI Agency Inc Tokyo]
・デューイ・J. ([1925] 2014)：「アメリカにおけるプラグマティズムの展開」『プラグマティズム古典集成』植木豊訳，作品社，pp.333-357。
・仲正昌樹（2015）:『プラグマティズム入門講義』作品社。
・ナッシュ・R.（1993）：『自然の権利－環境倫理の文明史』松野弘訳，TBSブリタニカ。[Nash, R. (1990), *the Rights of Nature,* University of Wisconsin Press]
・野家啓一・伊藤邦武他（2015）:『現代思想』Vor.43-11「いまなぜプラグマティズムか」青土社，pp.26-44。

・パスモア・J . (1979)：『自然に対する人間の責任』 間瀬啓允訳，岩波現代選書。 [Passmore, J. (1974), *Man's Responsibility for Nature,* Gerald Duckworth Co. Ltd., London]
・パース・C・S. ([1879] 2014)：「我々の観念を明晰にする方法」『プラグマティズム古典集成』植木豊訳，作品社, pp.168-197。
・パルマー・J・A.編 (2004a)：『環境の思想家たち上－古代近代編』須藤自由児訳，みすず書房。[Edited, by Joy A. Palmer (2001), *Fifty Key Thinkers on the Environment,* Routledge, London]
・パルマー・J・A.編 (2004b)：『環境の思想家たち下－現代編』須藤自由児訳，みすず書房。[Edited, by Joy A. Palmer (2001), *Fifty Key Thinkers on the Environment,* Routledge, London]
・廣松渉・野家啓一 (2012)：『岩波哲学・思想事典』岩波書店。
・ホワイト・R. ([1968] 1999)：『機械と神－生態学危機の歴史的根源－』青木靖三訳，みすず書房。[Lynn, White, Jr. (1968), *Machina, ex Deo; Essays in the Dynamism of Western Culture,* MIT Press, Massachusetts]
・牧野広義 (2015)：『環境倫理学の転換』文理閣。
・マクダウェル・J. (2012)：『心と世界』神崎繁他訳，勁草書房。[McDowell, J. (1994, 1996), *Mind and World,* Harvard University Press]
・松野弘 (2009)：『環境思想とは何か』ちくま新書。
・松野弘 (2014)：『現代環境思想論』ミネルヴァ書房。
・丸山徳次 (2004)：「人間中心主義の再考と道徳多元論」『応用倫理学講義２ 環境』岩波書店，pp.21-27。

・丸山徳次（2011）：「実践的環境哲学と『里山学』の提唱」戸田山和久／出口康夫編『応用哲学を学ぶ人のために』世界思想社, pp.171-182。
・森岡正博（2009）：「自然を守るとはなにを守ることか」鬼頭・福永編『環境倫理学』東京大学出版会，pp.25-35。
・山内廣隆（2003）：『環境の倫理学』丸善。
・山中司・上田隼也（2021）：『SDGs 表現論』海竜社。
・山脇直司（2004a）：『公共哲学とは何か』筑摩書房。
・山脇直司（2004b）：「公共哲学とは何か」『公共研究』―第 1 巻第 1 号 千葉大学,pp.29-46。
・吉永明弘（2008）：「環境倫理学」から「環境保全の公共哲学」へ―「アンドリュー・ライトの諸論を導きの糸に」『公共研究』第 5 巻第 2 号 千葉大学，pp.118-160。
・吉永明弘（2009）：「都市と人工物の倫理」鬼頭・福永編『環境倫理学』東京大学出版会，pp.36-47。
・吉永明弘/寺本剛編（2020）：『環境倫理学』昭和堂。
・ライト・A. (2009)：「方法論的プラグマティズム・多元主義・環境倫理学」「応用倫理」1: pp.71-82 斉藤健訳，北海道大学。
・ローティ・R. (2000)：『偶然性・アイロニー・連帯』斎藤純一他訳，岩波書店。
[Rorty, R. (1989), *Contingency, Irony, and Solidarity,* Cambridge University Press]
・ローティ・R. (2013)：『哲学と自然の鏡』野家啓一訳，産業図書。
[Rorty, R. (1979), *Philosophy and the Mirror of Nature,* Princeton University Press]

・レオポルド・A. (1986)：『野生のうたが聞こえる』新島義昭訳, 森林書房。
[Leopold, A. (1949), *A Sand County Almanac: And Sketches Here and There,* University of Oxford Press, Inc]
・渡辺幹雄 (2012)：『リチャード・ローティ＝ポスト・モダンの魔術師』講談社学術文庫。

（欧文）
・Callicott, J. B. (1985): "Intrinsic Value, Quantum Theory, and Environmental Ethics," in *Environmental Ethics* vol.7: pp.257-275.
・Katz, E. (1985) : "Organism, Community, and the 'Substitution Problem'," in *Environmental Ethics* vol.7 : pp.241-256.
・Katz, E.& Light, A. (1996) : *Environmental Pragmatism*, Routledge.
・Katz, E. (1996) : "Searching for Intrinsic Value: Pragmatism and Despair in Environmental Ethics," in *Environmental Pragmatism* , A. Light& E. Katz ed., pp.307-317, Routledge.
・Light, A. (1996) : "Environmental Pragmatism as Philosophy or Metaphilosophy? On the Weston-Katz Debate," in *Environmental Pragmatism,* A. Light& E. Katz ed., pp.325-335, Routledge.
・Light, A. (2002) : "Contemporary Environmental Ethics: From Metaethics to Public Philosophy," *Metaphilosophy* Vol.33 No.4 : pp.426-449, July Blackwell Publishing.
・Norton, B. G. (1995): "Why I am Not a Nonanthropocentrist: Callicott and the Failure of Monistic Inherentism," in

Environmental Ethics Vol.17: pp.341-358, Environmental Philosophy, Inc.
・Norton, B. G. (1996a): "The Constancy of Leopold's Land Ethics," *Environmental Pragmatism,* A. Light & E. Katz ed., pp.84-100, Routledge.
・Norton, B. G. (1996b): "Integration or Reduction: Two Approaches to Environmental Values," *Environmental Pragmatism,* A. Light & E. Katz ed., pp.105-133, Routledge.
・Weston, A. (1985): "Beyond Intrinsic Value: Pragmatism in Environmental Ethics," in：*Environmental Ethics* vol.7：pp.321-339, Environmental Philosophy, Inc and The University of Georgia.
・Weston, A. (1996)："Beyond Intrinsic Value: Pragmatism in Environmental Ethics," in：*Environmental Pragmatism,* A. Light & E. Katz ed., pp.285-303, Routledge.

(Web サイト)
・安彦一惠滋賀大学「自然の価値」をめぐって
http://www.sue.shiga-.ac.jp/~abiko/gyouseki/paper/value.html
(2022 年 9 月 15 日)
・安彦一惠滋賀大学講義「環境倫理学」のために,
http://www.sue.shiga-u.ac.jp/~abiko/lectures/abiko-ee.pdf
(2022 年 9 月 20 日)

本書の EP に関係する主な人名一覧

環境プラグマティズムに関する主な人名については、『哲学は環境問題に使えるのか―環境プラグマティズムの挑戦－』(2019)慶応義塾大学出版会の著者紹介(同書 pp.447-448 を参照。)

- アンソニー・ウエストン(Anthony Weston)
- アンドリュー・ライト(Andrew Light)
- エリック・カッツ(Eric Katz)
- キャリコット・J・B (Callicott J. Baird)
- ブライアン・G・ノートン(Bryan G. Norton)
- ポール・B・トンプソン(Paul B. Thompson)
- レオポルド・A (Leopold, Aldo1+666)

本書の主な用語一覧

環境プラグマティズムに関する諸概念については、『哲学は環境問題に使えるのか―環境プラグマティズムの挑戦－』(2019) 慶応義塾大学出版会の基本用語集(同書 p. 439 を参照。)

本書の読み方(トリセツ)について

それでは、巻末になりましたが、本書の読み進め方について説明しておきます。本書は、一般に地球環境問題に関心があり、環境から世界平和を導くことに共感できる方と、哲学・倫理学の中の「環境倫理学」と「アメリカ哲学の自然思想」に関心がある高校生以上の学生諸賢に「環境プラグマティズム思想」を知っていただきたく、著者の博士論文を再編成しています。従って、論文調で一般の方には読み辛いと感じられるかもしれません。内容については、用語の理解と、登場人物の理解が必要と思われます。まずは、そこから目を通していただければと思います。

そして次には、「はしがき」を読んで頂くと、本書の出版の目的と、内容の概略が書かれています。そして、第1章の希望のプラグマティズム思想の歴史—第2章の思想形成とその展開に入ります。そこからは、第3章の米国と日本における自然観の比較や、第4章の自然の「内在的価値」と、第7章〜9章で価値の多様性—「価値多元論」について、順次読んで頂いてから、第5章〜7章のやや難解の環境プラグマティスト達の議論展開を読んで頂くと、解りやすいかと思われます。

そして、第10章の「公共哲学」と「合意形成論」で実際の環境問題克服の鍵を握るアプローチを理解した上で、第13章〜最終章の近未来への展望を読んで頂ければ、全体の流れと、この本の主旨と内容が理解いただけるものと思う次第であります。どうか、ご熟読頂ければ、著者としてこの上ない喜びであります。

著者記す。

著者プロフィール

中元啓夫　(なかもとあきお)

京都市に生まれる

主な専攻

環境哲学(プラグマティズム思想)・環境倫理学・心理学

所属学会等

日本倫理学会・西日本哲学会・熊本大学大学院「先端倫理学領域」OB・水俣学研究会・日本防災士機構・防災士協会他

学歴等

放送大学・大学院専科履修・厚生労働大臣指定講座「臨床心理学コース」修了

熊本大学大学院社会文化科学研究部博士後期課程単位取得退学

修士(学術)・博士(文学)乙博文 24 号(熊本大学)

著書・論文等

・『夢翔る!－至誠天通、曲折の果てに－』

元　哲倫(はじめ てつみち・自伝エッセイ用ペンネーム)

(株)幻冬舎ルネッサンス刊

・「環境プラグマティズム」における自然の「内在的価値」

-ウエストン、カッツ、ライトの議論を中心に-

「先端倫理研究」11　52-67, 2017-03 —熊本大学

環境プラグマティズム思想

プラグマティズム思想は、全人類の未来への希望へと繋がるのか

２０２５年４月１日　初版第１刷発行

著　者――中元　啓夫

発行人――坂本圭一朗

発　行――リーブル出版

〒７８０－８０４０
高知市神田２１２６－１
ＴＥＬ０８８－８３７－１２５０

装　幀――島村　学

印刷所――株式会社リーブル

定価はカバーに表示してあります。
落丁本、乱丁本は小社宛にお送りください。
送料小社負担にてお取り替えいたします。

ISBN 978-4-86338-443-9